不是長大自然就會，
親密關係的探索解答之書

# 大人的性愛相談

目錄

CONTENTS

推薦序

# 放諸四海皆準的性、望、愛

很榮幸地能為自己的好友，同為水瓶座的許藍方女士，這本驚天動地的著作，寫下個人一點小小的推薦和感動。

孔子有云：食色性也。我們能從坊間架上看到所有介紹和「食」相關的各種不同的食譜、工具書，但是要能夠看到一本從兩性的各方各面，鉅細靡遺地深入探討與具實際案例的分享和操作，看來這本書應該是無人出其右了！

一個人立足於天地之間，除了追求個人的成就和完成人生不同階段的任務和價值之外，其實常常會忽略所謂生理和心理這兩件事情的平衡，以及健康發展！這本書竟然讓我看到了足以跨越各個不同種族，並且放諸四海皆準的性、望、愛！

意思是：有了正確的兩性相關的常識與知識，才能夠帶著一股正確的希望，並讓人最後看見真正的愛！這本書竟然不知不覺地讓我們看到了自己的懵懂，甚至看見那個自我設限的框架。人們就是在似懂非懂又不求甚解的情況下以訛傳訛，才會造成許多憾事的發生。

佛家有所謂：「前世五百次的回眸，才換來今生的一次擦肩而過。」這本書竟然讓人有這種意外發現的「驚喜」，是福音也好，是真理也罷，就讓我們跟著這位很不像博士的兩性大師，一起追求人生至高無上的愉悅與幸福吧！

曾國城

自序

# 突破社會框架，眼前就是幸福彩虹

從小我就喜歡閱讀，也許與媽媽不讓我們看電視有關係吧！沒有電視看，只能在書中尋找生活以外的樂趣，便慢慢養成了與「書」對話的習慣。心情不好時、歡欣喜悅時、無聊放空時，都有不同的書籍陪著我，就好像作者們在和我說話一般，總能藉此，在文句間想清一些事情，偶爾在故事中暫時逃離煩亂的生活，亦或在作者的分享中獲得一些靈感與啟發。漸漸地，也習慣將自己的想法、感受與對生命經驗的體會用文字記錄下來，對我來說，這是另一種與世界對話的方式。

感謝出版社的邀請，讓我有機會將我想說的話寫在書中，開啟我與你們的對話。

從小到大在傳統框架中成長的我，在兩性交往的經驗中發現，有許多事並非如同我們耳裡聽到或眼中看到的那樣絕對，從柏拉圖式戀愛的推崇者到強調性愛為兩性關係中不可或缺的一環，經由自我對話中分析自我的矛盾與面對社會的衝突後，開啟了我對性與愛的好奇，更發現這些和自覺與情緒探索之間的關係，問題的產生絕非單方面的問題，而是失去了身心靈的動態平衡。

這本書主要在探討兩性、同性在性方面與道德上面臨的問題，結合了生理的分析與心靈的體驗，提供給你們更全面的參考，在整體與個人的修正中解決問題；如同在感情中總會被問麵包和愛情該怎麼抉擇時，我總是跳脫地認為，如果自身都準備好了，是否就不需要選擇，而可以兼得。我常常在想，當初在我痛徹心扉、撕心裂肺卻無能為力也無所適從的時候，如果能夠有這樣的人出現幫助我，那該有多好，是一句話或一個表情都好，也許那時的我就不會如此徬徨無助，也許就不用以失去摯愛的方式來換取生命的成長，也許就少了些遺憾與後悔。

公開討論性與愛，在亞洲國家是一件挑戰傳統的事，但我發現我挑戰的其實不是傳統，而是那個曾經被困在傳統框架中的自己，藉由過程中的挑戰，我研究了、克服了、也學會了，我希望現在的自己能夠是那個可以幫助你的人，就如同我當初渴望被救贖一樣。

這本書雖是我親筆寫下一字一句，事實上，書中的內容是許多我生命中出現過的人與我一起完成的，這些過去與經驗改變了很多我對事情的想法與認知，也影響了我做的某些人生的關鍵決定。在寫這篇序的時候，我腦中浮現了過往十幾年的回憶，不像跑馬燈那樣匆匆閃過，而是一幕一幕在腦海中呈現、定格、播放，伴隨著心裡的沉澱與眼淚和那些日子的絮語，我感謝過去所有的遇見，也感謝一路以來堅強的自己。除了正打開這本書的你，我特別想把這本書獻給所有出現在我生命中的男人、女人、好人與壞人，沒有他們的出現，也沒有現在的我。

我希望正在看這本書的你們，能夠和我有相同的信念，無論路上有多少荊棘，只要望向遠方的目標，努力地走，幸福不是在眼前等你，而是在你一步一步地改變中產生。只要相信、只要你願意，我都在這本書裡，陪伴你走過人生中所有面臨的坎坷崎嶇，迎接風雨過後那道自在且幸福的彩虹。

PART 1

# 女性和男性，性愛和心理

# 談兩性生理構造和性知識，與常見的生殖器官困擾，以及身體差異帶來的心理問題。

CH. 1

女・性

# 1 老公說：我快被熏死了啦！

#為什麼妹妹生病了？

**水和抵抗力，絕對是私密處最好的清潔劑與保養品。**

我最常被女生問到的問題就是「博士，妳有沒有私密處的清潔撇步可以教我們？」連我的好朋友也常常問我：「欸，我看妳好像很少有私密處感染的情形發生，妳都用什麼清洗？」面對這些問題，我的回答都是：「我沒有特別使用什麼洗劑，其實最好的清潔劑，就是清水。」

「蛤？怎麼可能！哪有不用（清洗劑）的啦！我看電視廣告或網路都有很多清潔用品，真的不需要用嗎？」每個人都帶著懷疑的口氣回我，我也總是接著說：「真的不需要，除非妳的妹妹生病了。」

我沒有用過任何市面上的女性私密處清潔用品，但這並不代表清潔用品沒有用處，而是我覺得清潔用品要「用對時間」，也要「用對方法」。在說明清潔之前，我想先跟大家分享一些和私密處有關的觀念。

## 女性私密處的構造

女性私密處泛指整個下體，包括了陰道、尿道以及肛門，這三個部位的距離很近，加上泌尿道感染常見的致病菌「大腸桿菌」是肛門和腸道內最主要的細菌，所以即使尿液基本上是無菌的，也還是會因為不佳的生活習慣或性行為後清潔不完全而發生泌尿道和陰道感染的情形。

## 陰道內對抗感染的堡壘：陰道分泌物

很多人對陰道產生分泌物感到恐懼，她們覺得「有白帶就是不正常」，其實不是這樣的。當女生進入青春期，迎接初經來的那一刻，除了陰道會排出經血外，子宮頸和陰道內的腺體，也會分泌一些黏稠的液體，就是我們所謂的「陰道分泌物」，那就是俗話說的「白帶」。正常情況下的「陰道分泌物」呈現弱酸性，PH值介於3.8～4.5之間，陰道分泌物除了具有潤滑的作用之外，還有保護陰道避免感染的功能；這些黏液會隨著我們的生理週期有著不同的變化，當排卵期一到，會發現陰道的分泌物變成稀糊狀，有的甚至在擦拭的時候會有牽絲的情形，很像生蛋白的感覺。在不同的階段與年齡，如懷孕期間、生產前後、更年期前後都會有不一樣的狀況。每個人的陰道分泌物本來就不會一樣，只要分泌物的顏色是乳白色或透明無色，而且沒有強烈的刺鼻味，都是正常的現象。一旦有陰部搔癢或者分泌物開始有怪味道，甚至有顏色、性狀改變的情形發生時（最常見的顏色改變為黃色、綠色，或白色乳酪狀），第一件事絕對是趕緊就醫，盡快找到感染的源頭，配合醫師處方治療，而不是先去買私密處保養品、清潔劑或灌洗液來亂用！

## 陰道內的守衛兵：乳酸桿菌

陰道內除了分泌物之外，還有一些自然存在的菌叢，這些菌叢的存在，為的是抵抗外來的細菌，以維持陰道的健康。細菌聽起來雖然可怕，但是其實我們全身上下、體內體外都充斥著與我們共生的菌種，多數情況下，這些細菌對我們是無害的，甚至有的好菌可以幫助我們維持身心的平衡，譬如：大家常聽到的腸內益生菌，也就是好菌的一種喔！

陰道內的好菌越多，打敗外來壞菌的機會就越高；另一方面，好菌的存在也會幫助我們維持陰道原本的弱酸性。如果陰道內的好菌少了，平衡就會被破壞掉了，也就有可能讓壞菌肆無忌憚的在陰道內占地為王，這也就是我們所說的「感染」。

我們的身體原本就有一套對付外來敵人的防禦機制，各司其職，只要功能發揮得當，便可以避免敵人的入侵，當然也就不會發生私密處感染的情形。

基於上述所提，我們可以知道，陰道基本上有雙層防護，除了分泌物防護牆之外，還有好菌軍團坐鎮，這樣不僅幫助陰道維持在弱酸性的環境，讓壞菌不容易生長，同時在兵強馬壯的好菌守護下，敵人自然不敢入侵。不過，當原本良好的防禦環境被破壞或自身抵抗力不足的時候，無論是弱酸性的環境變成弱鹼性，抑或是好菌減少的情況下，還是你的身體狀況已經成為壞菌培養皿，這都是敵人入侵的好時機了。至於這些情況為什麼會發生，以及發生了我們該如何處理，下一個章節我再跟大家好好說明。

# 2 當個漂亮妹妹

## #女性私密處清潔、保養

前一個章節跟大家介紹私密處的構造跟致病原因，你們也許可以更加了解，接下來這些感染的狀況為什麼會發生。感染之所以會發生，可以分為以下兩個面向：

## 情況一、防禦環境被破壞或減弱

### ❶過度清潔的時候

陰道分泌物以及陰道內好菌本來就有自我調節的能力，正常情況下並不需要去破壞原有的環境。很多人覺得要避免感染，就要把陰道內沖洗乾淨，其實正好相反，沖洗越乾淨，就越容易把原本弱酸性的環境破壞掉，也就是把陰道內的好菌洗掉，這樣一來，反而增加感染的機會。所以，正常情況下並不需要特別往陰道內灌洗、更不需要特別使用肥皂、沐浴乳或特殊清潔劑；一般的肥皂及沐浴乳偏鹼，會破壞原本陰道的弱酸性。雖然市面上雖有標榜接近陰道ＰＨ值（3.8～5）的私密處清潔劑，但事實上，女性外陰部的ＰＨ值在5左右，其實不需要用到這麼酸的清潔劑。

## ❷ 月經來的時候

經血是鹼性的，導致陰道在這個時候的防禦力相對比較低，加上經血是壞菌的營養補給品，所以月經來的時候，也就比較容易有感染的情形發生。很多女生覺得經血髒，所以在月經期間，會特別沖洗陰道內部，其實這完全沒有必要，如同前面提到的，過度的清潔不僅破壞陰道環境，也減少好菌，這樣只是徒增陰道感染的機會而已。經期的到來，是因為子宮內膜剝落，這代表著體內的新陳代謝與汰舊換新，經血排出的過程，本身就已經是一種清潔了。

## ❸ 精液殘留的時候

精液是弱鹼性，ＰＨ值介於7.5～8.5之間，若男生在進行性行為時沒戴保險套，當精液射入陰道之後，女性陰道的酸鹼值會短暫變成偏鹼性的環境，這個時候就很容易讓壞菌伺機進攻。

## ❹ 幫妹妹調味的時候

當妳仔細去聞分泌物的味道，妳會發現陰道分泌物原來的味道就帶有點淡淡、微酸的香味，不可能是玫瑰或薰衣草味，但絕對是好聞的。有些人會選擇使用香氛產品，為了增加妹妹的好氣味，但大部分的香氛產品其實都是化學製劑，這些額外的動作反而會破壞陰道原本的自然環境，更會降低陰道防禦力。

## ❺ 免疫力不好的時候

常熬夜、飲食習慣不好、久坐久站、沒有運動習慣、習慣壓抑情緒、不懂釋放壓力的人，都是免疫力不好的高危險群，這些人除了容易感染之外，也容易罹患其他的慢性疾病或精神疾病。

## 情況二、壞菌過度生長

以下有幾種狀況都是我們在幫助壞菌打造適合他們生長的環境：

### ❶不正確使用護墊的時候

陰道分泌物有時候會讓內褲濕濕的，有些人因此選擇使用護墊來避免不舒服的感覺。但是就避免感染，減少壞菌孳生的角度來看，我不推薦女性使用護墊，但如果妳真的不能沒有護墊的話，那請你養成，每1至2小時就更換一次的好習慣。

### ❷穿絲質、蕾絲內褲的時候

所有材質的內褲，我最推薦的是「棉質內褲」，一來透氣通風，二來吸水。很多人為了美觀，會選擇絲質或蕾絲材質的內褲，但這種內褲大多是化學纖維合成，除了容易引發過敏之外，在相對不透氣、不吸水的情況下，反而有利壞菌的生長。

### ❸穿緊身褲的時候

穿過於貼身的褲子，容易在我們走路摩擦的時候，把肛門口的大腸桿菌或沒擦乾淨的糞便帶到尿道或陰道口；穿太緊的褲子，也可能會因為陰部與褲子的摩擦造成黏膜的損傷。

### ❹ 沒有頻繁更換衛生棉的時候

經期來的時候，需要做的不是一直清潔，反而是要「頻繁地更換衛生棉」，最好的情況是1至2小時就換一片。衛生棉不需要省，該丟的時候就要丟，即使在經期後面幾天，是經血量比較少的時候，也要頻繁的更換，同一片衛生棉使用時間過長，是非常容易讓壞菌藉機生長的。

## 真正要幫私密處做的保養原則：簡單至上！

那麼，到底要怎麼保養？什麼時候該清潔？又該怎麼清潔？

- 「清水」絕對是最好的清潔劑，不破壞原本陰道的環境，也可以將私密處清洗乾淨，不留下異味。有些人跟我反應沒有洗沐浴乳，心裡會感覺沒洗乾淨，會覺得臭臭的，那我建議，沐浴乳或肥皂只需要清洗「妹妹的毛髮」部分就好，不需要洗到外陰部，更不用說是陰道裡面了。

- 如果有泡澡習慣的人，也一定要在起身之後，用流動的清水沖一下私密處，以免壞菌滋生。
- 性行為前後請妳一定要記得「用水清洗、喝水排尿」。在性行為的過程中，即使對方全程戴了保險套，在性器官的碰撞與摩擦之下，很容易將肛門或者皮膚上及外陰部的壞菌帶到陰道及尿道口。所以我強烈建議，每次在性行為過後，一定要記得排尿和用清水清潔，不然感染的機會會很高。
- 上完廁所，請用衛生紙由前往後「沾」，不要用擦的。擦拭的過程中，如果留下衛生紙上的小屑屑，這樣很容易讓壞菌滋生，進而發生感染。

PLUS

## 請問許博士

### Q1 私密處清潔完了，是不是也要為妹妹進行高規格的保養？

A：大家都知道臉的保養需要卸妝、清潔、化妝水、精華液、乳液等等步驟，甚至針對抗皺或美白使用不同的保養品，但妹妹畢竟不是臉，她不會經歷風吹雨打、日曬雨淋，所以基本上，以上針對臉部保養的步驟，在妹妹身上是「完全不需要」的！

### Q2 妹妹需要抗皺保濕嗎？

A：這是很多人共同的問題，妹妹之所以會開始變皺變乾，是因為更年期賀爾蒙不足導致的陰道乾澀，此時可以考慮在性行為之前使用「水溶性潤滑劑」幫助陰道潤滑；若情況嚴重的人，則需要醫師開立女性賀爾蒙的相關藥物使用。在其他時候，私密處如果塗抹上各式各樣美容產品，反而容易滋養壞菌，有的乳液太油，反而會導致私密處的毛孔阻塞，讓妹妹長痘痘了。

**＊小博士給妹妹的抗皺保濕大建議**

請一定要多喝水，最低限量也要是自己的體重×30，以一個50公斤的人舉例，她一天最少就要喝1500ml的水，如果能一天2000至3000ml的話最好，盡可能地維持兩個小時就上一次廁所的習慣，保持尿液的顏色呈現清透到淡黃色是最好的。滾石不生苔、流水不積垢，身體的水分只要保持充足且流動，我相信喝進去的水和排出來的尿就是妹妹最佳的保濕品與解毒劑。

## Q3 妹妹需要美白嗎？

A：保濕跟美白的問題往往會一起出現。市面上大部分的美白產品，大多是針對曬太陽後的黑色素沉澱，但妹妹沒有曬太陽，所以這類的保養品對妹妹美白沒有太多用處，反而還容易導致感染。除了天生黑肉底，喜歡穿緊身褲或絲襪的人，因為陰部與衣褲的摩擦和不透風的關係，都會造成黑色素沉澱，讓妹妹越來越黑。另外，私密處反覆發炎也是造成妹妹變黑的原因。

**＊小博士給妹妹的美白大建議：**

少穿丁字褲與緊身褲，減少衣物與陰部的摩擦、保持通風，以減少感染為最佳策略。若真想美白，還不如選擇服用維他命C或其他抗氧化物，除了全身性的美白之外，還可以有效增加免疫力以預防感染。

最後，老話一句：作息規律、不熬夜、多運動、飲食均衡、心情好才是最上上之策。如果私密處真的有一些變化，譬如：分泌物的顏色變黃、變綠，味道變濃、變刺鼻、變腥臭，下體開始有搔癢感，性交出現疼痛感，甚至在解尿的時候有灼熱感，或有不明出血點的時候，請記得一定要就醫，找出感染源，對症下藥，千萬不要自己當醫生，不可以自行亂服用抗生素或亂買市售成藥亂吃。我相信只要有認真看完這一篇的女性朋友們，一定可以輕輕鬆鬆做好漂亮妹妹的日常保養。

# 我是公主，沒有病

## #想被疼愛就是公主病？

**公主是一種特質，真正的公主需要的對待是愛、尊重、忠實與關心，而非溺愛、驕縱、控制與利用。**

常聽到有些男生在描述自己逝去的戀情時說道：「我真的不知道為什麼，我只是跟她商量，今天能不能先自己回去，不然等我去接她可能還會耗上一些時間，這樣可以替彼此節省時間，還可以早點見到面。當下她聽了我的話先回家，但是等我回家後，她卻因為今天我沒有去接她就說要跟我分手，到底是怎樣？為什麼這麼有公主病？」

就男生的立場看來，既合理又沒錯，不想讓妳等太久，所以叫妳先回家，這樣不僅省了時間還可以加快見面的速度，但女朋友為什麼會在這樣看似貼心且完美計畫的背後丟下一枚分手炸彈呢？

有時候，其實女朋友要的不是真的可以多快回到家（這樣叫計程車不就好了），而是要「男朋友很在乎我」的感覺，這是一種魅力的證明，因為你夠在乎我，所以你把我擺在第一位，彷彿世界都繞著我轉，我就是最重要的那一個。

## 原生家庭的情緒綁架

有時候公主病的確是一個女生不可愛的任性表現。但在某些時候，公主病也是一種刷存在感的方式，是從小就學到得以獲得別人認同的方式。在這種情況下，當一個人只執著於「從對方無怨無悔無止盡的付出、照顧、呵護中找尋自我價值的存在」，而忽略了事實的真相與事情該有的邏輯的時候，往往就會出現比較無理取鬧的行為。

這種人通常在管教較為嚴厲、生活受到控制，且照顧者有著很強控制欲的環境中生長，只要小孩稍微有自己的想法，就被認為是不聽話、不孝順、不乖的表現。久而久之，在照顧者長期的情緒綁架之下，養成了只有成為乖寶寶才會獲得獎賞的既定想法，並在不知不覺中成長為一個沒有安全感、沒有自信，甚至自卑、找不到自我價值的公主，僅能從他人行為或口中找到那個受肯定的自我。內心越自卑越沒有自信的人，這種現象會越明顯，也就是大家所謂的公主病。

隨著年紀越來越大，在脫離家庭之後，這樣的依賴就轉移到朋友或比較親密的人身上，只有當她從你身上拿到一顆「糖」，才會覺得你是愛她的，自己在你眼中是受重視的。譬如，每天你負責叫她起床、接送她上下班、只要她說餓，食物馬上出現在眼前、她想出去玩，只要跟著你走就好，什麼都不用煩惱；但是，當她提出的要求被你拒絕時，她腦海裡冒出的第一個想法不是你真的有事或不方便，而是「你不愛我了？我沒有吸引力了？」

剛開始談戀愛的時候，你所有的「貼心」都會被對方全部接受，對男人來說不被拒絕是一種認同，對女孩來說是一種被重視、被愛的肯定，這在感情初期是甜蜜的，但是，當感情進行到需要溝通、討論、或協商的時候，這樣的恐怖平衡就會遭到破壞。

另一方面，某些貼心的舉動在一般女生眼裡是感動到不行，卻被女朋友認為是「不夠用心」，甚至還被拿來跟前男友比較，到後來男生都已經搞不清楚自己到底還有哪裡做得不夠好。這個時候，男人們必須清楚知道一件事，就是「你的用心不該淪為女友口中的行為列表」。也就是說，你有做到才叫用心，沒做到，不管你有什麼理由，都是不用心的表現。

我認為，兩性交往必須互相付出、彼此用心感受，不管是女生一味要求另一半無條件的包容，或者男生認為自己就該無極限的給予，這樣都不太健康。就算是再相愛的感情，總有一天也會被這樣的不平衡消磨殆盡。

## 公主應該是一種特質

男人把另一半當成公主對待的同時，別忘了公主是一種「特質」，不是光有美麗的長相或是一種身分。真正的公主有的是氣質、優雅、善良、聰明、得體、與善解人意，而她需要的對待是愛、尊重、忠實與適時的關心，而非一味的溺愛、驕縱、自我、控制與利用。正與你相處的若是後者，那麼她絕對不是高貴的公主，而是有公主病的凡人。

無論是正在公主養成的路上的妳，或者是正在等待公主的你，請記得需要王子拯救的公主只活在童話世界裡、需要奴隸伺候的公主只存在帝王體制中，存在真實世界裡的是一個充實自我不賣弄知識、有品味不追求名牌、有禮貌不討好將就、有自信不自私自利、謙虛不自卑、有想法不強勢、有氣質、不世俗、經濟獨立、懂得尊重、善於溝通與樂於幫助人的公主。

祝福你們在尋找幸福的路上遇見那個懂你的公主。

# 4 女人該有的特質

## #撒嬌的女人最好命？

有一天在滑手機的時候，不小心滑到電影《撒嬌女人最好命》正在播的隋棠經典撒嬌片段：「兔兔這麼可愛，怎麼可以吃兔兔。」這個片段看得我瞠目結舌，更有種想賞她兩巴掌的衝動。這部有趣的電影，除了繞著男女主角的愛情故事外，另一個重點便在於「撒嬌」，導演利用生硬的女漢子和善於撒嬌的小女人，凸顯出撒嬌更能獲得男人的青睞。雖然現實中的確有這樣的女生存在，但電影裡對女性撒嬌的演繹是稍嫌誇張了些，對我來說，那不是撒嬌，而是「三八」。

如果有女孩正誤會著，男人喜歡使用高音頻說著疊字、退回嬰兒般行為的女人，請快點醒醒，我相信光就行為而言，沒有一個男人會喜歡成天使用高八度音頻說著無止境的疊字，像「吃飯飯、喝水水、口乾乾」，然後張著嘴等餵食的女人；電影裡是因為配上天使臉蛋與魔鬼身材的隋棠，這就另當別論了。但是，如果妳的撒嬌不那麼浮誇，反而適時加上一些貼心的舉動，對男人幾乎就是必殺絕技。

一個很漂亮但面無表情、不苟言笑的女人，和另一個相貌普通但笑口常開、偶爾小小撒個嬌的女人，也許第一眼，是漂亮的女人受到男人的矚目，但聰明的男人都會選擇第二種女人。我想如果是妳，也會喜歡這樣的女孩子吧！

有許多女人告訴我：「我真的沒有辦法撒嬌，不要再跟我說，當一個女人就要學會撒嬌。」我完全能夠理解她們的無奈，畢竟要一個女人做出不在自己允許範圍內的行為，是一件很強人所難的事，身邊的那個他也一定感受得到自己的不自然，曾有男性友人跟我說過：「如果我女朋友突然開始撒嬌，我只會覺得恐怖，好像馬上就有大事要發生。」

其實，與其說撒嬌的女人最好命，倒不如說「懂得展現女人味的女人最好命」。身為一個女人，真的不用學習如何使用高八度音頻說話、更不用學習如何在男友面前出現嬰兒般的退化行為。在我看來的撒嬌，完全不是行為上的矯情造作，而是將女人味融入生活中，女人味的展現是一種能力，而這樣的能力不限定在愛情裡，更不是只適用於男人，而是我們懂得在生活中，利用這樣的態度，讓自己更能享受生活中的樂趣。

對大部分的人來說，撒嬌似乎是一種「示弱」的表現，所以許多有能力的女人不願意撒嬌，好像撒嬌就代表一種「我輸了」的感覺，這種感覺會讓人在一段關係裡感到委屈，進而造成關係的失衡。女強人逞強久了、堅持久了，在夜深人靜時、受盡委屈時、用盡力氣時、極盡虛弱時，多少會有想依靠的渴望，只是女權主義發芽的時代來臨，社會賦予的期待與高度的自我要求不允許自己喘息，更不用說接受有能力的自己在男人身邊停靠休息。

我認為，會有「我才不要撒嬌，這樣會有一種認輸感覺，這樣會讓人看不起」想法的人，大概是因為「自信不足」導致有這樣的感覺。妳不需要承認自己沒有自信或愛逞強，我相信妳也真的可以靠自己完成許多事情與成就，但請妳問問自己：「在某些時候，若是多了他的幫忙與支持，是否會讓妳感覺更好！」對吧！最讓男人欣賞的女人就是，他不在妳身邊的時候，妳可以獨立完成所有的事，而有他在的時候，妳能夠好好的當個讓他照顧的女人。

愛撒嬌的女人很多，但懂得撒嬌的女人很少。如果對男人的態度是無理取鬧、小題大作、態度傲慢，這就不是撒嬌，而是撒野。這樣的行為只會讓人生厭，不但得不到寵愛，男人反而敬而遠之。正因此，我認為我們要學的不是語調與字詞上的改變，而是學著使用溫和的態度，在心愛的人面前展現你的女人味。以下有幾點，提出來讓你們參考。

## 適時表達「我需要你」

撒嬌，絕對不是承認自己無知無能的舉動，而是能夠向身邊的人坦承自己需要幫忙的能力。這樣不僅可以讓對方感到被需要，也能讓他體會到自己對妳的重要性。但也要記得，過猶不及都會讓人感到負擔，太過逞強，讓身邊的男人只能乾瞪著眼看妳疲累，既無法感受到被需要，甚至得自己找在關係中的存在感；太過度，反而變成一種心機與手段，不僅讓女人反感，也讓男人壓力倍增，好像在自己身邊的不是女朋友，而是一個小寶寶。

生活中的撒嬌不需要時時刻刻，更不用變成是妳的形象。撒嬌要恰到好處，就像調味料的使用，放太少食物沒味道，口味太重，又會讓人嘴膩口乾，不甚舒服。舉例來說，當男友一直在打電動的時候，妳可以對男友說：「我喜歡你看著我聊天，因為我可以感受得到被你重視，這種感覺特別幸福。」不要用責備或限制的方式讓他放下手中的電動，而是讓男友覺得自己被需要，利用這樣的轉圜，達到自己想要的目的，過程中不需任何造作的姿態，就如實地傳達「我需要你」的感覺就好。

## 溫柔的語氣、貼心的同理

當男人工作一整天回家還需要繼續加班的時候，如果妳此時想和他一起吃晚餐，妳可以說：「你已經工作一整天了，今天都還沒有抱抱我，讓我覺得有點孤單。」他這個時候一定會主動放下工作來抱抱妳。此時，妳便可以加碼說：「我等你一天等到肚子好餓，我們一起出去吃飯好嗎？如果你怕工作做不完，那我等等煮一些一起吃就好。」我相信這個時候，再忙的他也會願意放下工作與妳相處，因為妳對他工作忙碌的同理，也會讓他對自己剛剛對妳的忽略感到內疚。用溫柔堅定的語氣比無理取鬧又責怪更容易達到妳的目的。

## 感情裡沒有理所當然

很多人會覺得對方對自己好是天經地義的事，但其實在人與人的互動中，沒有所謂的理所當然。雖然他喜歡妳本來就會做出讓妳開心的事，但如果在這個時候，妳可以說聲感謝「謝謝你，你真好！」或者一句稱讚「親愛的，你真棒！我好開心呀！」這樣絕對會讓他為妳付出得更甘之如飴。

## 偶爾讓他知道「你對我很重要」

許多女人習慣被動的等待，但如果妳能主動，這樣更能讓對方感受到自己的特別。不用常常說我愛你，只需要在不經意的時候傳個簡訊：「工作別太辛苦了，今天有點想你。」如果妳真的說不出來，那就化思念為行動吧！想他的時候探個班，讓他感受到自己在妳心中有多重要。

也許在男女追求平等的社會裡，撒嬌變得彆扭，但這個世界畢竟還存在著某種默契，女人若懂得展現嬌柔的那一面，除了讓男人興起保護妳的慾望之外，對自己的處境也相對有利。展現女人味是讓感情更幸福的調味劑，撒了嬌，也為你們的愛情撒下保鮮的防腐劑，試試看吧！

# 5 什麼時候可以遇到對的人？

## #真愛什麼時候才會出現？

**世界上永遠找不到對的人，直到你自己成為那個對的人，這樣遇到誰，都會是對的了。**

「我一直以為我們就會這樣好好地走向婚姻，直到我發現他偷偷跟前女友聊天，我明知道他們之間沒什麼，我也相信他的為人，但我只要想到他怎麼可以做讓我傷心的事，我就再也看不到那個清晰的未來，我好像就沒有辦法再繼續好好愛他。我不知道為什麼我一直被感情弄得心情好煩，以為遇到他就不會再這樣，沒想到我最害怕的事還是發生了，我才發現原來是自己看錯人了！我要怎麼做才對，我到底要什麼時候才會遇到對的人？」小羽一把鼻涕一把眼淚的對著我說。

我的手輕拍著她的肩，一邊安撫她的情緒，一邊問她：「妳為什麼會在戀愛的一開始就可以清楚看到你們的未來？」

「因為我們都很愛彼此，這種很相愛的感覺很美好，很乾淨。」她努力吸了鼻涕後，很肯定的回答我。

「是呀！戀愛一開始都是美好的，這種美好除了要感謝賀爾蒙的變化，還要感謝自己的幻想。」我說。

「什麼意思？為什麼是幻想？不是因為他，所以我才會感到幸福的嗎？」小羽擦了擦眼淚後疑惑地問我。

我相信這是很多女孩在戀愛時期會遇到的問題，不少女孩在陷入戀愛困境時會有的訴苦。在這裡，我想分成兩個部份讓你們了解這是怎麼一回事。

## 愛情不是偶像劇，世上沒有完美的王子公主

在墜入愛河的時候，體內會有愛情賀爾蒙的變化，讓我們對眼前的對象產生興奮或暈眩感，這種癡迷會將彼此的缺點都幻化為美好的點綴，所有的不安都在見到他的那一刻消失。這時候你的大腦，會將過去記憶中所有浪漫的舉動全部調出來，當然包

括你看過的日韓劇，彷彿眼前的他就像偶像劇中的男主角一般帥氣又爛漫，一把擁你入懷及靠牆壁咚的劇情逐一浮現。

隨著時間一久，愛情賀爾蒙慢慢消逝後，原來在你眼裡視為繁星掛滿天空的迷人缺點，瞬間還原成公園裡滿地的惱人狗屎，再小的缺點也都看不順眼，當初一把擁入懷和壁咚相吻也變成噁心造作的舉動，這時候，便覺得好像是自己當初看走眼了，於是，妳選擇了離開，直到與下一個人的相遇，又開始了新的循環。

其實，讓妳感到幸福的，是妳的幻想；讓妳不開心的，也只是因為幻想破滅罷了。說穿了，在跟妳談戀愛的，其實是妳幻想出來的，只是剛好眼前這個人的一些動作或某種特質，契合了妳幻想中的角色而已。一旦夢醒了，妳的盲目也明亮了，愛情也隨之謝幕了。

每個人都有這樣的成長過程，我以前當然也會如此，只是經過一次又一次的淚水洗禮，眼睛瞎了又亮、亮了又瞎，漸漸地，我的心也開始明白了。

愛，是在互動中產生的，所以我們一直在尋找那個，願意滿足我們對愛的想像的人。在學生時期，學校並沒有教什麼是「愛」，我們只能藉由電視、小說、偶像劇或電影來了解，於是我們漸漸地以為，愛情的模樣就是這樣。當初，我總是在期待對方是我想像中的男主角，我以為找到了那個可以接納最原始的我、願意包容我一輩子的人，就像仙度瑞拉找到合腳的玻璃鞋一樣，這樣才是真愛。直到談了幾次戀愛之後，我發現事情似乎不是這樣。

漸漸長大的我，隨著接觸的人多了，才發現偶像劇中的愛都有點太過夢幻，畢竟把柴米油鹽醬醋茶演出來實在是沒有人會看，接受這樣的現實就好比告訴小朋友世界上沒有聖誕老公公一樣殘酷。但是，的確沒有一段感情，總是一個人在迎合另一個人，更何況是一個活在現實中的男人必須滿足一個成天幻想的女人，現在回想起來，當初的自己的確難搞了些，當初的他也辛苦了！

找到幸福之前，我們必須先了解一件事「完美的王子與公主並不存在人世間」。現實世界的王子公主會挖鼻屎、會拉屎排尿，還會在被子裡放屁、吃飯會大笑、牙齒縫會卡菜渣、偶爾會出糗、絆倒只會直接跌個狗吃屎，並不會有人半路衝出，以旋轉之姿將妳接住。

兩個人要能自在的相處，就只有透過不斷的磨合和溝通，尊重每個人的獨特、欣賞彼此的不同。

愛情不可能只有瞬間的乾柴烈火，隨著相處的時間久了，必定會走向細水長流，那時的幸福不再是瘋狂約會不會累、整夜聊天不睡覺、難分難捨、你儂我儂，而是鑲在生活點滴中、對彼此的關心、兩人的生活互動，那個平凡卻又無法取捨的苦與甜。

## 美好的未來，建立在「不輕易說分手」

妳愛一個人的原因，不該是「我覺得跟他會有很美好的未來，所以我全心愛他」。未來是建立在兩個人相處的現在，只有當下的一針一線，才有辦法架構出一大幅美好的未來；只有好好地建立彼此的信任，齊心度過磨合的日子，才會有美好的未來。

舉個例子，當一個學生跟妳說：「老師，除非我能確定我會考100分，我才要唸書。」妳的想法如何？妳的回應應該跟我一樣：「怎麼可能光用保證的就會100分，只有用功唸書，才有很大的機會考到100分。」是吧！沒有人可以保證妳會考幾分，直到妳努力投注之後，才有看到結果的可能。這跟談戀愛是一樣的，剛踏入一段戀愛的妳，怎麼可能在還沒一起經歷磨合之前，就有妳跟他會有美好未來的保證呢？就算有，基於前面說的，這個美好的未來，也是妳幻想出來的。

再舉一個例，同樣的學生在一次考試95分之後告訴妳：「老師，我本來以為我會考100分的，所以我很努力地唸書，但是沒想到我竟然只考了95分，我不要再唸書了，因為我再也無法確定自己是不是可以考100了。」這個時候的妳又會怎麼回答呢？「考試是用來反映我們學習的過程，只要從每次的錯誤中學習到對的，下次不要再犯同樣的錯，就會考好了，怎麼可以因為一次錯誤就放棄學習呢？」我相信所有的老師或是妳也會有類似的回答吧！

同樣的，在愛情裡也是。感情不是生命的全部，它只是反應了人的某個面向，每一次的戀愛都是我們在人生中的學習，怎麼會因為兩個人之間的一個小摩擦或小錯誤就輕言放棄一段你曾經如此憧憬且投入的感情，對嗎？

男朋友和前女友的通話紀錄，讓妳感受到不舒服，這時候該做的是與對方討論該如何處理他的錯誤和解決妳的不開心，而不是選擇放棄一切來逃避錯誤的發生。除此之外，妳還必須面對的是，妳不舒服的感覺是否來自於「沒有自信」，導致妳有備受威脅的感覺。妳必須先肯定且相信自己的價值，才有勇氣與對方進一步討論兩人之間的摩擦。

每段感情或多或少都有摩擦，有時妳犯錯，有時他犯錯，我們要了解的是彼此在這個行為背後的目的，也許妳會在了解之後恍然大悟，也或許妳會在理解之後更能明確訂定你們之間的規範，無論如何，分手都不會是一個選擇。

切記，當妳懂得安撫自己內心的小女孩之後，妳可以明確告知對方妳的好惡，妳知道自己有足夠的價值，值得彼此為這段感情努力的時候，無論妳遇到誰，那個人都會是妳人生中的「對的人」。

# 6 一定要結婚嗎？

#新時代的婚姻觀是……

**婚姻不是一個結果，更不是幸福的保證，若你不想談沒結果的戀愛，那你注定在這段關係中種下委屈的種子。婚姻，只是一個形式身分的轉換；幸福，終究需要兩個人的努力。**

女人到了一個年紀，似乎最常被問到的問題就是「妳結婚了嗎？」當我回答：「還沒。」對方總以一副驚訝的表情回應：「蛤？為什麼不結婚？」而我也不疾不徐地回：「為什麼要？若結婚為我的生活帶來的負擔多過於快樂，為什麼要結婚？」

「如果不愛，為什麼一定要結婚？如果愛，又為什麼一定要結婚？如果結婚不能為你帶來更多快樂，那麼結婚的意義又在哪？若是為了獲得某種長輩所謂的保障？又為什麼離婚的人那麼多？」

無論是當時的一股衝動，或是為了應付家人而踏入的婚姻，我想問正在看文章的你：「你／妳快樂嗎？」如果答案是否定的，我想問問，你當初結婚的原因是什麼？

曾經有個朋友問我：「妳覺得我該結婚嗎？」

我說：「當妳問我這個問題的時候，妳自己已經有答案了。」

「有嗎？答案是什麼？」我朋友吃驚地問我，我盯著她說：「妳其實並不想結婚。」

「會嗎？我其實沒有不想，只是不知道該不該結婚而已。」朋友追問著。

我明知她只是想從我身上獲得肯定的回答，好安心地去結婚，我則選擇繼續說：「如果妳真想結婚，妳其實不需要詢問身旁的親友，妳只需要通知我們有關妳已經決定要結婚的好消息就好了，不是嗎？」空氣瞬間凝結，尷尬的氣氛維持好一段時間。

一陣沉默後，朋友開口說：「嗯！你戳到我最不想面對的那一塊。我知道我們兩個是相愛的，但因為好像（結婚的）時間到了，不結（對長輩）說不過去，但我也知道我自己很不想面對婚後的生活。我不想改變現在的生活習慣，我不想跟對方的爸媽住，那我爸媽呢？誰顧？」

「嗯！」我點點頭，示意她繼續說。

「而且我想到結婚之後，我還得把他們家的事攬到自己身上，光想到這種責任，我就害怕。但我覺得有這種想法是不是很不孝？我不想我男朋友覺得他好像娶錯人。」

「所以？」我想聽完她接下來想說的話。

「所以，我就來問妳，我到底該不該結婚，本來想說如果妳說應該，好像就真的是我多想，我就會默默接受婚姻後的一切。」

「妳覺得妳默默接受之後，一切就會好了嗎？」我接著說：「即使妳答應了一個大家都覺得妳應該踏入的婚姻，妳會因為『大家都覺得婚後就應該如此』就接受所有的一切而快樂嗎？」

「當然不會。」朋友很快地回答。

「那妳又為什麼覺得只要大家覺得你應該結，你就默默接受就好。一旦你做了違背心意的事，委屈的種子就被種下，每發生一次衝突，種子就開始發芽，直到妳受不了的那天，妳是要選擇繼續容忍還是離婚？不管哪一種選擇都會有人不快樂，不是嗎？」

「那我該怎麼辦？」

「如果你很愛他，也很想與他共組家庭，那就好好跟他溝通，說出妳所有的恐懼，如果他能替你解決，那也許婚姻並沒有你想像中那麼恐怖。相信我，婚姻無法將就，委屈不能求全。」

也許有許多女人正面臨和我朋友一樣的問題「很想與對方共度一生，但想到婚後的家庭生活便開始卻步」。首先，會有這種考量完全是正常的反應，更不會有孝不孝與有沒有娶錯人的問題。

華人傳統家庭的建立在男人為主的體制上，女人被賦予的期待是犧牲奉獻，以放棄自我成全丈夫或小孩為基本的家庭需求，傳統的性別刻板印象會讓女人在生活上受到家庭信念上的影響，會覺得「妻子應該是家庭中的主要照顧者」「在家庭中男人的工作為第一優先」，導致大部分的人還是會有「男人不應該插手家務」的錯誤直覺。

在過去，因為丈夫為主要經濟供應者，而妻子以做好內應為回報。現今的社會雙薪家庭已是普遍現象，當一個職業婦女在面對工作壓力的同時，還擺脫不了傳統價值觀的束縛，在時間壓縮與多元角色的壓力下，在婚前會出現衝突與矛盾的心情，是再也正常不過的事了。

「我工作已經夠忙了，回家除了弄小孩，還要顧他的爸媽，處理家裡大小事，他大少爺一個人只要顧好自己的工作就好，這樣結婚不是自找麻煩嗎？現在兩個人這樣不是很好嗎？」這段話，完全道出了現代女人對婚姻的恐懼。

但隨著時代在變，部分男人的價值觀也漸漸改變，不再帶有傳統觀念的認為女人娶回家就是要服侍自己與自己的父母。如果妳深愛著妳的對象，我建議妳一定要將心裡的恐懼跟對方訴說，也許在對方的協調下，結婚後的生活並沒有想像中那麼複雜且恐怖（前提是妳必須得愛對人，請妳愛一個不會將自己置身事外的男人）。

## 婚姻，不會是終點，更不會是幸福的保證

婚姻只是一個形式、身分的轉換，關係內原有的問題更不會因為結婚而消失；他常常與別人搞曖昧的個性不會因為結婚而突然變得專情，妳總愛無理取鬧的個性不會因為結婚突然變得成熟講理，無論是誰，心底的寂寞與不安，更不會因為結婚而獲得滿足。

結婚只是人生中的一個選擇，與妳是否會幸福快樂無關，妳的人生不會因為沒有結婚而變得愁雲慘霧，但也不會因為結婚而從此幸福順利。幸福，終究需要一個人的自省與兩個人的努力。只要遇到那個「因為你，我還可以是我」的人，找出兩個人最自在的相處模式。我相信，結不結婚，不會是妳們之間的問題。

**女人一輩子最不可犯的錯，就是「為了結婚而結婚」。**

結婚沒有應該，更沒有所謂的時間表，只有當妳覺得踏入婚姻帶來的快樂勝過負擔時，才是妳 SAY YES 的時候。

# 7 她是愛我還是錢？

## #第一眼吸引女人的會是……

**她愛的是高富帥還是矮窮醜，全看你怎麼定義自己。**

常常有人在談話中問我「她到底是愛我，還是愛我的錢？」其實，在問我的當下，我相信你已經有答案了。

某些偶像劇常常演著隱藏身分的富豪落入凡間，在一場誤會中遇到了寒門出身的絕世美女，從互相討厭到歷經分分合合之後，假冒平民的大爺突然發現自己愛上了這位視錢如糞土的女子後，費盡千辛萬苦、追到天涯海角，也要把這位不凡的女子追到手，以虐心的過程，童話般的結局收尾。以至於網路上衍伸了許多測試女人是不是愛錢的實驗，或者建議交往過程中使用ＡＡ制來測試女方的真心。

不管哪一種，我都不贊成在愛情中使用測試的方式來獲得答案，畢竟愛情不是實驗，不該被更不該以實驗的方式進行驗證，尤其是兩個正在相處的人，如果因為一次吵架就把問題扯到「愛我還是愛錢」，更可能讓一個本來死心塌地愛你的女人從此與你背道而馳。所以，當你問我這個問題的時候，我不會教你各種方法去得知對方到底是愛錢還是愛你，我會問你「你覺得值得被愛的是你的人還是你的錢？」基於答案的不同，自然會有不同的劇情發展。

「她愛的是我還是我的錢？」這個問題絕對是在互動之下產生的，這句話的意思就是，你是用你的「心」還是用「錢」在吸引對方。一個沒有自信的人，會不自覺使用金錢攻勢來獲得互動上的安全感，講白話一點就是，當一個人窮得只剩下錢的時候，那也代表它足以誇耀的只有財富。在這樣的情況之下，你想想，當對方看見你的第一眼，映入眼簾的只有住海景豪宅、開雙門跑車、吃高級料理、穿名貴衣服、過上流生活等等與金錢有關的東西，會接近你的，當然只剩下相對愛錢的人。

我不是說有錢一定要裝窮，或者說有錢的人就該死，好像註定遇不到真心愛你的人。重點是，你在相處的過程，除了錢，你是否用心跟對方相處？當對方需要陪伴的時候，你花的是時間還是金錢？當你做錯事的時候，你是真心懺悔還是用金錢贖罪？當對方需要支持的時候，你付出的是行動還是支票？當對方需要傾聽的時候，你是用耳朵聆聽還是用金錢打發？我想「她愛的是你還是錢」的答案，自然會在你們的互動中產生。

另外，當你手頭很緊的時候，你願不願意讓對方知道？有些男人，一方面為了滿足伴侶，另一方面為了維持自己的面子，不惜借貸當卡奴，只為了維持一段表面關係，然後在自己快要受不了的時候才問「她到底是愛我還是愛錢？」這樣對伴侶一點都不公平。首先，你的伴侶根本不知情，也許她還覺得這是你的花錢習慣，再來，這個時候問這個問題根本無法得知真正的答案，因為真正的答案只會在「你願意與對方坦承一切」的時候出現。

你的伴侶愛的是你還是你的錢，不難判斷。愛「錢」的人會把你付出的一切當做理所當然，甚至拿來炫富而不是炫你；愛「你」的人不會因為你有錢就無止盡揮霍。相較於在乎你是否富有，她更在乎的是你是否健康快樂，也許在金錢上的付出無法等價回饋，但我相信在兩個人的情感交換中，你絕對感受得到她的溫暖、關懷與愛。

當然，每個人對金錢有不同的價值觀，對花錢的定義與理解也不同。我認為，本來就沒有麵包或愛情二選一的感情，世界上也絕對沒有不愛錢的人，差別只在愛的是你的錢還是她自己的。一個愛自己的女人會讓自己有錢，經濟獨立既享有自主權，同時也不會給對方負擔。畢竟，一個真正愛你的女人，在享受金錢與愛情的同時，不會因此放棄原有的價值觀，更不會停止尋找自我。

最後，當你有這個疑問的時候，我相信你心裡已經有答案了，與其問「她是愛我還是錢」，不妨問問自己「你要的是哪一種伴侶？」其實，只要相處時的彼此是快樂的，我想，真正的答案是什麼都已經不重要了，對吧！

祝福你享受愛情，找到一位愛你也愛自己的伴侶。

# 8 男人都愛大ㄋㄟㄋㄟ？

## #女為悅己者隆

**真正的性感來自於你的行為與談吐，一個有情趣的熟女絕對勝過一個奶大的嫩妹。**

「我男朋友某天突然說，他出錢讓我去隆乳，因為我只有A罩杯。博士，你覺得我該去嗎？」淑玫苦惱地問我。

「你自己想隆乳嗎？」我試探性的問。

「我本來沒有這種想法，只是想說既然男朋友喜歡，我是不是應該盡量滿足他？」

男人的喜好不太一定，有的男人就是擺明了有奶便是娘，有的男人講求顏值勝過一切，有的男人說比例好比較重要，有的男人偏好水蛇腰，有的特愛鳥仔腳（或鉛筆腿），有的男人則喜歡稍微有點肉的棉花糖女孩。無論如何，在多數男人的心中，胸部大小似乎一直是前三名。至於，為什麼男人會這麼在意女人罩杯的大小，這個問題一直以來都沒有正確答案，但可以確定的是，如果路上有穿爆乳裝的女人走過去，一定會有很多人驀然回首，就只為了期待與「那雙長輩」再次重逢的時刻。

## 與母親的連結

談到喜好，男人的世界裡有分「臀派」和「奶派」。基於生物上的選擇，大臀部的女生會讓他們覺得這是適合傳宗接代的候選人。至於受到大胸部的女生吸引，就科學而言，是因為打從娘胎出生後，與男人連結最深的就是他們的母親，而且腦海中仍然存留著嬰兒時期在母親懷裡哺乳的記憶，所以他們在看到或愛撫女人的胸部時，會讓他們產生與女性的羈絆和兒時在母親懷裡的安全感。

## 都是神祕惹的禍

除了科學的解釋，你們是否有想過，男人對胸部的喜好，也許是來自於一種對「神祕感」好奇的舉動？越禁忌，越神祕，就越是讓人充滿好奇，越想讓人一窺究竟。舉個反例：在非洲的某些地方，幾乎所有的女人都裸著上身，男人卻不會因此感到特別興奮，也不會因為看到裸身的女人，腦海中就馬上浮現將她撲倒的衝動。讓一個男人經常處在裸體的環境裡，神祕感逐漸消失，好奇感也就會跟著飛逝，這便可以解釋為什麼老夫老妻總會有以下的抱怨了：「我光著身子在老公面前走來走去，他連看都不看我一眼，不但繼續看電視，竟然還說我擋到他了。」每個男人都有的經驗是，比起三點全露的照片，重點部位巧妙遮住，若隱若現的寫真，往往更能引起男人的性衝動和幻想。

所以，我倒不覺得男人都愛「大ㄋㄟㄋㄟ」，我倒覺得男人愛的是那個「看不到摸不著」的ㄋㄟㄋㄟ。

## 大胸吸睛，魅力吸心，綁住男人的絕對是妳散發的魅力

曾有個案告訴我：「去酒店久了，我發現年輕的妹妹雖然有吸引人的身材，但其實我興奮的時間不會太久，也許第一次第二次覺得新奇，但看久了，我發現我竟然漸

漸地沒有興趣，反而年紀大一點的，身材也許沒那麼好，但是她懂得我在說什麼，也懂得我想要什麼。比起身材，知道怎麼製造一點小情趣的，反而還更吸引我，就是要會撩啦！」

有的女人在意自己的A罩杯，或者知道男朋友喜歡巨乳，因此覺得自卑。其實，男人一旦喜歡上對方，這些外在條件已經不是最重要的了，他在意的反而是「妳有沒有女人味」，女人味不等於大胸部，反而是一種經過社會歷練與文化養成的成熟魅力，妳看得懂他的表情、妳讀得通他的語言、妳聽得懂他的心；牽著妳的手，妳一個微笑他就著了迷、注視妳的臉，妳一撩頭髮他便失了魂。只要妳一直保持身為女人的自信，即使是扁平身材，也完全不影響妳散發的魅力。

如果妳天生自卑，想靠著隆乳找回自信的話，我完全不建議你這麼做，因為沒有自信是從心而起，絕對不只是因為胸部小這麼簡單。很多一再反覆整形的女人似乎都陷入這樣的困境中而走不出來，反觀某些充滿魅力的女明星抑或名模，並非每個人都是大胸部的吧！

所以「妳該不該隆乳？」我的回答是，若隆乳是滿足妳自己的審美觀，妳會因此而多了穿衣服的自信的話，那就做吧！但，如果妳想隆乳只是為了符合男人的期待，因為妳覺得「男人都愛大ㄋㄟㄋㄟ」，那我奉勸妳千萬不要這麼做。

男人愛的是充滿女人味的妳，如果只是一味的討好，只會消耗自我，也丟失了妳身為女人的風情萬種。

# 9 什麼是高潮？

## #為什麼我都沒有高潮？

**你不是不喜歡做愛，妳只是還沒高潮過。就好比一旦去過人間仙境，那個絕美的畫面保證會縈繞在妳腦海中，久久揮之不去。我相信只要妳感受過快樂，絕對不會有「不想再快樂」的念頭。**

我很常聽到男生的抱怨是：「我太太都不喜歡做愛，每次跟她求愛，她一臉不甘願的樣子，弄得好像我欠她幾百萬一樣。」

我也常聽到女生的抱怨是：「都已經生完（小孩）了，幹嘛還要做，我都只能裝累假睡，不然就叫他自己弄一弄就好。」

到底是怎麼樣的誤解，讓這麼美好的性愛變成了男女之間不可明說的負擔？在A

片中，男女在床上一起達到性高潮好像很理所當然，尤其當男人射精的那一瞬間，女人彷彿也會從呻吟、喘氣、呼吸急促，到嘴裡大喊「我要到了！」這些是否就是你對女人高潮全部的認知？其實，關於女人的性高潮，並不是像你們在A片裡看到的那樣。

## 高潮就會潮吹？大量噴水？

在討論潮吹前，我想先與各位介紹一下女性的生理構造，請見下頁圖。①是尿道，往上連接到的器官是膀胱，膀胱裡裝的是眾所皆知的尿，一般來說當膀胱裡的尿液達到 **200 至 350ml**，人就會有尿意感，一個有彈性的膀胱可容納多達 **1000ml** 的尿液，膀胱再往上的器官，就是腎臟（製造尿液的地方）。②是陰道，連接陰道的器官是子宮，子宮內有子宮內膜，每個月排出的卵如果沒有受精，內膜就會自動剝落，這就是月經；若成了受精卵，增厚的子宮內膜與子宮便理所當然變成了養育胚胎的溫床，所以子宮內並沒有容納大量水分的空間，就也是說陰道不會流出大量的水。某些情況下，陰道流出無味的大量液體，反而是癌症的警訊。

大家所認知的「潮吹」，就是女人在高潮的時候，會有大量液體從「女性下體」

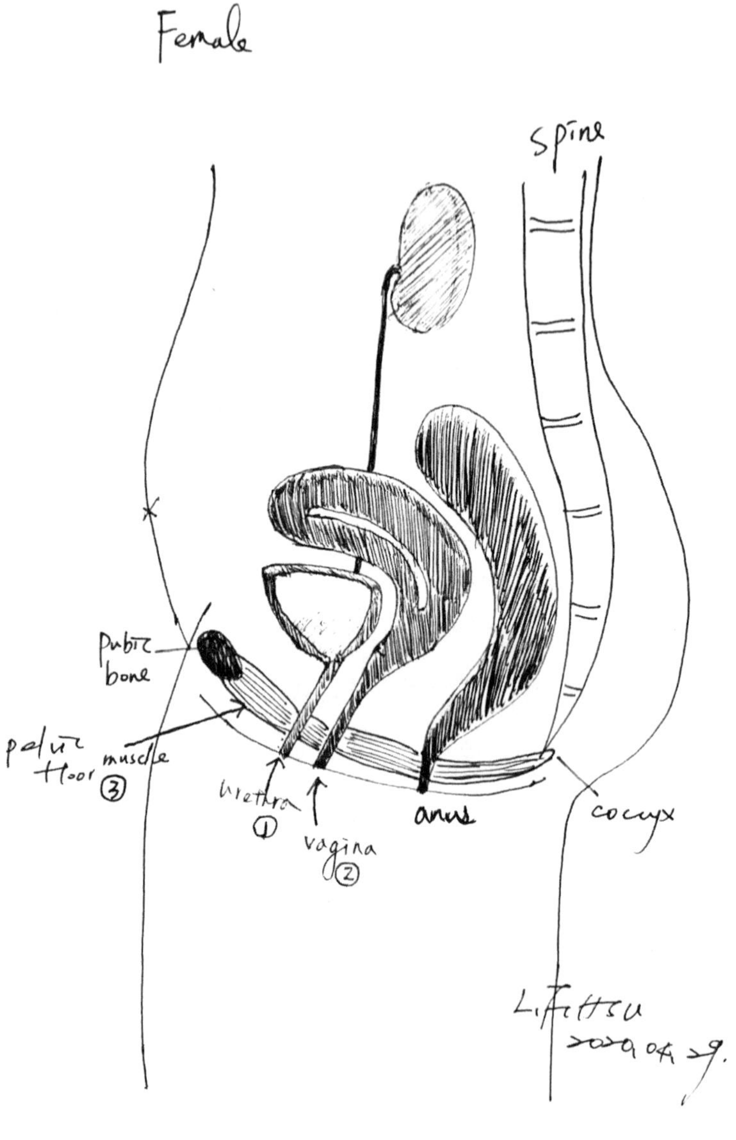
Female
spine
pubic bone
pelvic floor muscle ③
urethra ①
vagina ②
anus

噴出。現在請你們回頭看一下圖中的①、②和上述說明，你覺得有可能儲存大量液體的「容器」會是子宮？還是膀胱？我想答案已經在你們心中，我們還是不要說出來破壞氣氛好了。事實上，潮吹就是女人在高潮的時候，因為尿道口放鬆，導致尿液從膀胱滲出來，所以「潮吹」也稱作「性交尿失禁」。

## 那為什麼高潮時會噴水（尿）？

當女人達到高潮時，身體的副交感神經會被啟動。副交感神經除了會讓全身肌肉和橫跨尿道、陰道、肛門的那一條「骨盆底肌」（就是提肛縮陰要練習的那塊肌肉，圖中的③）放鬆之外，陰道口與尿道口也會放鬆，也會同時告訴我們的大腦「該尿尿啦！」所以這便可以合理解釋，為什麼某些女人在性高潮的時候，會有噴水的情況發生。

曾有AV女優在受訪的時候提到，拍A片前，導演會要求女優們喝很多水，為的也就是在高潮之後的「性交噴水」。正因為女性的陰道與尿道距離太近，進而誤解這些尿液是從「陰道」噴出。由於錯誤知識的傳播，才讓大部分的人都誤以為女人在性高潮時會有潮吹的現象。

有些男人會說：「女生在做愛之前已經有尿過，而且我有嚐過那時的液體，絕對不是尿，因為那是沒有味道的！」其實，腎臟24小時都在製造尿液，基本上，新鮮的尿幾乎沒有味道。至於一般大眾所認知的尿味，是由於尿液裡面的尿素被分解成阿摩尼亞而來的味道。所以，當你嚐到的是「新鮮」尿液的時候，自然會覺得那是沒有味道的。

## 神祕的液體

當女人的腦裡想到性或者受到性刺激的時候，陰道口的腺體會分泌一種「巴氏腺液」，它是透明無色或白色、具有黏性，並不像水一樣。就像男人在興奮時，尿道口也會滲出些分泌物一樣，是正常的生理反應，也是一種性能力健康的表現。而且此時滲出的液體，除了能夠在性行為的過程中，發揮潤滑的作用，減少摩擦造成的疼痛，另一方面也是為了保護精子，可以中和陰道內的酸性環境，以增加精子存活率，達到受孕的目的。當女人達到高潮後，陰道本身並沒有「潮吹」這個功能，所以並不會「噴出大量」的液體，而是從陰道前壁下的斯基恩氏腺分泌大約 20ml 左右的透明液體（一般俗稱的愛液）。但基本上，能達到這種高潮程度的人並不多，所以鮮少見到。即使有，一般也不容易注意到。而且在精液內射的情況下，有的甚至會與精液融合在一起，隨後流出，就更難察覺了。

## 女人高潮不是件簡單的事

女人有四種性高潮種類：陰蒂高潮、陰道高潮、乳頭高潮和情感高潮。「陰蒂高潮」是刺激陰蒂而來，女性也可以靠自慰達到；「陰道高潮」是女人和男人性交時，藉由陰莖摩擦陰道而產生的高潮；「乳頭高潮」是從刺激乳頭的方式獲得高潮。另外，性學研究學者海蒂有提出第四種高潮「情感高潮」，這是當妳和伴侶因心靈相契，且共同享受性愛過程中的美好感覺而達到高潮的感覺，是一種靈肉合一、發自內心的欣快感。不管哪一種高潮，都可以讓女人得到滿足。

多數男生都說自己是性愛高手，可以讓女伴高潮不斷，而多數女生也說自己很厲害，每次都可以讓男伴以為自己達到高潮。研究發現，事實上不到三成的女人可以在做愛的過程中感受到高潮，甚至有的女人一輩子都不懂高潮是什麼。這到底是為什麼？

**當男人只懂得高速扭動腰部與臀部的時候，女人根本不太會有高潮的感覺，就算是超高速腰臀擺動，也根本無法搔到女人陰道內的癢。**

女性最敏感的部位其實是陰蒂，而陰莖插入陰道的性交過程可能無法達到最大的刺激，大部分的女人必須先透過陰蒂高潮，才能更深入地感受到陰道的高潮，只是很遺憾的，大部分的做愛體位極少有機會碰觸到陰蒂。最好的方式，就是在前戲的時候，可同時藉由刺激女性乳頭與利用手指或舌頭的幫忙達到乳頭或陰蒂高潮，當女人一旦達到乳頭或陰蒂高潮，對性交會有極強烈的渴望，此時陰莖在陰道內的摩擦，會讓女人更容易達到陰道高潮。不過，有些女人即使終生都沒有感受過高潮，但如果能透過兩人之間足夠的親密感達到情感高潮，也絕不會影響身為女人的喜悅。

## 別小看情緒帶給高潮的影響

內心的感受會影響到女人是否可以達到高潮，女人高潮的過程就好像一個小山丘，從地面慢慢爬升，在達到高點之前，會經歷一個難以捉摸的時期，只有當你持續保持放鬆的心情，才會碰觸到高潮的按鈕。有時候女人太過期待高潮的來臨，反而會在快要高潮的時候，因為情緒投入不足，而離高潮更遠。另外，如果女人受到工作壓力影響，或處於情緒低落的狀態，也會更難以投入在性愛中，那就更不用提到是否會有高潮了。所以，放鬆心情、好好享受性愛是一個達到高潮的必要條件。

## 女人的慾望也有週期

女人很少像男人一樣，好像隨時只要視覺受到刺激，就可以燃起心中的慾火，對女人來說，最明顯產生欲望的時間就是「排卵期」，也就是「危險期」，因為體內賀爾蒙的變化，讓女人在這個時候的慾望會明顯上升，此時的陰道分泌物（俗稱白帶）也會增加，相對地更增加了性交時的潤滑程度，所以會有一種「比較濕」的感覺。這是生物界對女人傳宗接代的安排，如果在這個時候妳沒有懷孕的計畫，記得請伴侶戴個保險套吧！

## 達到高潮的關鍵：不害羞的練習

女人高潮的狀況不像男人，只需要重複刺激陰莖，便可達到興奮的最高點。大部分男人的高潮是以射精結束，但女人的高潮是由大腦傳送至陰部，因此高潮不僅需要時間培養，更需要平時的「練習」，如果女人對自己的身體不夠熟悉，可能很難獲得達到高潮的刺激。只有透過正確的性教育知識，增加對自己身體的了解後，再藉由自慰的方式，確定自己最容易受到性刺激的部位，找出讓妳最有感覺的方法，就能夠藉由帶動伴侶的互動達到高潮了。切記，與伴侶行房時，千萬不要害羞，請大方開口與對方溝通甚至引導，讓兩個人更能在性愛中彼此獲得滿足。

在華人社會裡與傳統的成長環境過程，普遍認為女人對性愛的渴望就是放蕩、骯髒、及污穢的，這種錯誤的觀念很容易讓女人在高潮之後產生一種羞愧與害怕的錯覺，好像女人享受性愛是一件罪惡的事。其實無論是與伴侶性交或透過自慰的方式，在達到高潮那刻，感受到的只有愉悅與放鬆，那是一種脫離現實，彷彿置身天堂的境界。此時，妳可以真實的掌控自己的身體，深切地感受身體與靈魂合而為一。那份快樂，不是誰帶給妳的，而是妳自己給予自己的。

性愛的美好，來自於妳在高潮那一刻，隔絕了所有外界的影響，全然接受且專注於自己的喜悅，感受自己與身體最親密的時刻，體會自己與靈魂最靠近的一瞬，這是一件多麼幸福的事。所以妳不需要害怕，更無須感到罪惡，只需要留給自己一點時間，好好回味在性愛裡感受到的愉悅，在每一次的性愛經驗中，更學會如何在高潮中享受並掌握讓自己快樂的能力，而非自責。

# 10 什麼是性歡愉？

## #看A片絕對不是男人的專利

**女人應該嘗試與自己的慾望對話、學會取悅自己，放開傳統的枷鎖與道德的束縛，在性愛的世界裡享受自己對快樂的主導權。**

我看過一項網路調查「台灣女性只有小於10%看過A片」，但我個人覺得這個數據是被低估的，有部分的人沒有說實話，至於沒說實話的原因是礙於社會風氣，認為女人就該保守一點，不敢讓別人知道，還是不想面對「女人本來就會有性慾」這件事，我不得而知。目前就我觀察到「女人看A片」這件事，有三種類型：第一種類型是一個享受性愛的女人，她很坦誠也坦然接受自己看A片這件事，並且樂於與好朋友分享；第二種類型的女人會展現出「矮額，誰會看那個東西啦！你不覺得很噁嗎？」的嫌棄感，也許這是真的，畢竟還沒體會過性愛美好的人，觀念會停留在傳統賦予在性上面的意義，認為只要能夠傳宗接代或應付丈夫就好；第三種類型的女人則是以矢口否認的方式讓人家覺得自己是與世隔絕的保守派仙女，但其實不然。

為什麼女人不能大方承認「我喜歡做愛呢？」曾有個案問我：「為什麼男人看A片很正常，女人看A片卻會被覺得不太好？」

## 觀念錯誤①：女人就該矜持，保持貞操是一生的使命

當傳統賦予女性一種賢良淑德的價值觀，這樣的觀念就隨著一個母親教育給女兒，覺得女人如果在性知識或性經驗上比較豐富或有性慾，是一件很羞恥的事。這樣的性恐懼束縛了女人的本性，刻意把女人教育成一個怯懦者，導致這種錯誤的觀念持續流傳，讓大多數女人都覺得性不是一件快樂的事，在婚姻中的性只是對丈夫的義務。但這樣的觀念正悄悄隨著社會風氣改變，而且已經越來越不是如此，也不該如此，其實大部分的男人倒是認為「會享受性愛的女人」很吸引人。

## 觀念錯誤②：女人承認對性的慾望就是隨便

在兩性關係中，有部分問題的產生是因男女性愛不協調引起，男人想與伴侶討論及訴說自己對性的需求，但是女人通常不願面對先生對性的坦白，是傳統的禁錮也好、是個性的害羞也罷。很多男人希望能在性愛過程中也能讓女伴獲得高潮，除非男人經驗老道，不然女人真的只能透過了解與學習才能獲得高潮。很多人會覺得一旦性觀念開放之後，會出現很多開放性關係，所以大部分傳統婦女無法接受女人會看A片這件事，這樣的想法不但沒有邏輯，還充滿壓抑與矛盾。我覺得我們該教育下一代的是「對外不隨便揭露自我的慾望、對內則懂得享受性愛帶來的愉悅」，對外是對剛認識的男人或還不熟識的陌生人，對內當然是自己的性伴侶。

## 觀念錯誤③：女人在性愛裡扮演被動的角色

即使性慾是與生俱來、天經地義的事，大部分的亞洲女性對性的認知還是停留在「性就是傳宗接代和取悅男人的義務」，不敢主動談論性話題、不敢正視自己的性慾望，甚至覺得女人想到性就不再純潔。在這個女權逐漸抬頭的世界裡，好色不是罪、純潔不代表不能享受性愛，性愛絕對不是單向的，而是從男女互動中享受性愛帶給彼此的愉悅感與放鬆感，還記得前面一個章節裡提到的嗎？當女人達到高潮的那一刻，除了享受身體帶來的回饋外，更能真切的感受女人對自我快樂的掌控感，「原來我是有能力讓自己快樂的呀！」這樣的掌控感與自我感受快樂的能力很有關係。

有趣的是，在美國成人網站 Pornhub 的調查中，亞洲女性普遍喜歡日本變態系列的A片，這和我們前面提到傳統女性應有的傳統矜持背道而馳。可以解釋的是，在社會的期待與傳統的禁錮下，當人無法掌控自己原始慾望的時候，必須長時間以壓抑或轉移的方式，處理自己對異性與性行為的正常渴望。因為禁止破壞了性平衡，性本能的慾望無法獲得釋放，反而破壞了身心靈健康的平衡。

下次，當妳發現自己在想到某些人、某些情境、或者在某些特殊時候（尤其是排卵期）產生性慾時，請各位女人面對且接受這件事實，性慾跟人會有食慾和睡慾是一樣的，這些都是人類最原始的慾望。性慾對女人來說就是賀爾蒙與愛的產物，是一件再也正常不過的事。

在男女平權的社會中，女人不需要為自己看A片而覺得不好意思，既然男女對性都有需求，性幻想就不該是男人的專利，女人也能透過看A片來開發自己的敏感帶，進一步引導對方找到讓自己高潮的方法，讓自己更容易感受到性愛帶來的歡愉感。

請妳們相信，能夠擁有與掌控自己的性慾是一件很幸福的事。

# 11 當女人成為性行為的主導者時？

#我想要所以我淫蕩？

**每個人都是因為性愛而生，我們不應該對自己的身體反應感到羞恥，反而該為自己選擇面對感到幸運。**

如果妳與男伴很重視性生活，看A片的過程就是很重要的學習來源，要學習的是透過A片引發彼此間的性慾與自我探索的機會，而不是學習A片裡的性愛技巧。

就女人的角度來看，沒有人喜歡看到的A片是「其貌不揚的大叔與青春無敵的高校生」或「癡肥阿宅與性感女教師」，也不是整部片都在口交或進行抽插運動。在A片中的女人總扮演被欺負、被打、被鞭、被強暴的角色，最大的問題在於，男人所看的A片傳遞的價值觀裡充滿暴力和性別歧視。

女人喜歡看的A片，我稱之為「浪漫偶像劇的成人版」，免不了的是長相俊俏的男主角與氣質出眾的女主角，在一場意外相識之下，經過一連串的虐心劇情後的相知相惜，不斷地向左走及向右走之後，終於在一場暴雨中相遇。矜持純情的女主角，在情不自禁的情況下，激情地奔向男主角擁吻，因為愛得失控而出現纏綿的劇情，接下來出現的性愛場景便是男人溫柔的愛撫取代暴力搓揉的指交，緩慢的性節奏更貼近女人要的真實性愛。由此可知，男人與女人對性的主觀感受是不一樣的，與其說女權主義抬頭，何不說是女人爭取自己性福的時代來臨。

女人愛看的A片著重在「享受前戲的性刺激」、「渴望高潮的性追尋」、與「期待愛撫的性溫存」，為了達到男女間的性平衡，這是一件值得努力的事。我想提醒各位正在覺醒的女人，要從A片中能學習到的優點如下：

## 女人性自主

傳統教育下，女人已經習慣以被動的方式表示矜持、以逃避的方式代表含蓄，從今天開始，妳對性愛要抱持的態度應該是「我今天和你做愛，是因為我想做愛，不是因為我知道你需要，所以我配合你。」只有找回自己對性的自主權，才有接受與拒絕一段感情或性愛的能力。

## 達到性高潮的捷徑

不少人把高潮視為禁忌話題，甚至女人連自慰都覺得好像做了犯法的事，這樣的想法根本不需要存在。女人的高潮需要情感累積、需要氣氛催化、需要時間緩衝，相對於男人，不否認女人達到高潮存在著某種程度的難度，但如果能透過A片情境的刺激，透過自慰感受爬坡的過程，那段神祕之旅，只有自己最能感受，而這趟旅程的終點，最快的方式就是靠自己摸索。

## 舒壓還能助眠

現在的社會結構越來越多雙薪家庭，女人的壓力也越來越大，與其暴飲暴食紓壓，何不透過自慰的方式釋放壓力，達到高潮的那一刻，好像醞釀已久的火山爆發，隨著全身肌肉放鬆、催產素與血清素的產生、女性賀爾蒙上升，這些變化會讓妳感受前所未有的釋放感與欣快感，自然也就睡得更好，隔天起床，妳會發現皮膚與身材也都變好了，這種情感爆發能夠讓我們的情緒更穩定，也減少了亂吃變肥的機會（催產素與血清素，都是讓我們感受幸福與快樂的激素）。

## 更有自信

健康的性愛會讓人活得更性感也更有自信，透過看A片自慰的方式，增加對自己身體的掌控感，更能增加由內而外的自信。

PLUS

## 請問許博士

**Q1 我發現自己在做愛的時候，並不會像A片中的女優一樣嬌嗔或是激昂大叫，這是不是代表我沒有很舒服？**

A：當然不是！有沒有舒服，妳自己的感受最清楚。

外顯的行為每個人不會一樣，高潮的表現永遠沒有標準答案。我們常常說男人被A片誤導，其實女人有時候也是被誤導的一群受害者。

**Q2 我該不該從A片學如何叫床與展現高潮？**

A：女優不自然的叫床聲與殺牲畜般的（假）高潮慘叫，並非享受性愛與達到高潮的表現。

什麼是叫床？當女人敏感帶被刺激，尤其越接近高潮點的時候，大腦會釋放讓人暫時意識模糊、解除壓抑的物質，此時女人會無意識地、反射性的發出低鳴喘息聲，這完全是一種自然發生的生理現象，與A片中女主角激昂的慘叫聲不太一樣。沒有人規定女人高潮的時候一定要發出怎樣的叫床聲，有的人會喘息、有的人會呻吟，甚至有的人會大叫並伴隨些性語言。其實怎樣的叫床聲都好，只要妳得清楚，這不是為了取悅，讓男人以為妳很舒服而發出的叫聲，這該是妳自己享受在其中所發出的歡愉聲。

性之所以會拉近距離，在於兩個人都能同時享受性愛、感受愛情的美好，拋開框架、解除偏執，在性愛的過程中激發大量的情感，正面的情緒反應帶給彼此靈肉合一的極幸福狀態，兩人更在此時此刻確信並認知自己是屬於彼此的，這樣的回憶是不會隨著時間淡化的。

12

# 「性愛分離」不分男女

## #女人一定要有愛才能性？

**性愛分離的存在與性別無關，與「愛上了沒」有關，感情一旦產生，沒有性或愛的獨存，只有性與愛的共存。**

我們常聽到江湖上的傳言說道：「男人出軌可以性愛分離，女人外遇都是因為愛。」真的是這樣嗎？我問你一個問題，如果女人無法性愛分離，那麼男人找的炮友從哪來？再問你一個問題，如果女人無法性愛分離，那麼性工作者該如何工作？難道每遇到一位男客人就墜入愛河一次？

因生理上的差異，導致男女在性慾的產生有些許不同，男人容易受到視覺刺激而產生性慾，而女人的慾望通常在愛中產生。因此，大眾便將性愛分離當成是男人的一部分，但我認為「性愛分離」只是一個人用來合理化錯誤行為的一個動機或藉口而已。性愛分離可以是性工作者用來解釋工作型態的原因，也可以是外遇的男人用來包裝自己專情形象的保護色。我相信每個人都有性愛分離的能力，女人不願意不代表無法性愛分離，男人可以也不代表每個男人都會如此，這是每個人的選擇，與男人女人無關。

理論上，性衝動產生與愛苗滋長在大腦的反應區是不一樣的，性與愛是可以分開進行的，但性愛分離或性愛合一，沒有對或錯，在於我們怎麼選擇與看待這件事。唯一錯的在於，社會大眾認為男人性愛分離天經地義，卻無法接受女人也同樣有性愛分離的能力。

每當有人問我「人能不能性愛分離」的時候，我的回答總是「可以，卻也不行」，這看似沒有回答的答案中，包含了許多複雜的情緒。性需求是一種本能，愛是互動中的產物，在滿足生理需求的同時，是否也產生了感情？產生感情之後的性滿足，還算是性愛分離嗎？

電影《好友萬萬睡》（Friends with Benefits）與《飯飯之交》（No Strings Attached）中的男女主角，一開始對彼此有著「只上床不戀愛」的約定，隨著有意無意的互動拉扯中，逐漸打破說好的遊戲規則，純性無愛的關係逐漸在兩人理智與感性的糾結中失衡，說好的默契在好奇心與魅力的試煉中變質，這樣的劇情正說明了性與愛之間的複雜交錯。

## 對我來說，「性愛分離只發生在看A片自慰的當下！」

你們有沒有想過，性關係的發生為什麼是用一個與性無關的詞「做愛」，英文Make Love來表示，這指出了人的情感依賴是可以在性需求中產生，進而催化成愛。人之所以享受性愛，不單純只是因為抽插運動能滿足個人生理需求，而是在性器交流的過程中，你們為對方設想的貼心舉動與對彼此說的耳語，這些被愛的感受與行為，增加了我們對性愛的渴望。

人類很難像動物一樣，交配只為了傳宗接代，只有性關係而沒有愛的存在，除非你可以一直與不同的人一夜情，不然，性愛分離通常只存在那短短的一開始。我不相信與同一個人發生性關係久了，在多次的互動中，仍能將關係侷限在只有肉體的碰觸，而沒有情感上進一步的交流。

只要是人，都渴望在人與人的互動中，滿足我們的依附需求，誰不是在性關係的建立中感受彼此的愛，誰不是在愛的淬煉中產生對彼此的性衝動，兩人之間之所以有獨一無二的關係與默契，就在於我們對彼此的感受與付出。即使有科學的證據表示，性與愛可以徹底分離，但是畢竟冰冷的研究中沒有加入人與人之間互動的溫度，在真實的世界裡，沒有人真的可以將愛與性分得那麼清楚。

在現在越來越開放的世代裡，無論男女，都有享受性愛的自由，無論你是享受單純的性也好、享受性互動中的愛也好，性愛分開的觀念沒有錯，由性生愛的關係也不見得不好，重點是身在其中的你們，能不能接受這樣關係下的產物。也就是說，當你與對方訂定了遊戲規則，你是否能承擔進入遊戲的後果，某天當你不小心愛上的時候，也許對方並不如你預期中想像那樣，也不小心剛好愛上你。

由性生愛也好，因愛而性也罷，只要我們都能享受當下，用心感受自己，並真心接受彼此的選擇，在這樣的基礎下，到底是性愛分離，還是性愛合一，就讓時間來告訴你了。

13

# 女人各年齡層的性愛

## #找到妳的性感年齡

**在性愛裡，沒有（成年後的）年齡限制，沒有應該不應該，只有享受不享受。**

俗話：「女人三十如狼、四十如虎、五十坐地能吸吐。」是用這樣的形容來描述女人慾望的。聽到這樣的形容，男女都好有壓力！男人擔心滿足不了伴侶；女人心想，我的性慾真的有這麼旺盛嗎？反倒害羞了起來。

的確，有許多研究顯示，女人的性慾高峰期從30歲開始，更能符合女人三十開始如狼似虎的說法，但與其說女人年齡越大性慾越強，倒不如說是30歲之後的女人，隨著年齡的洗禮，對性的了解與認知更成熟，也越來越了解自己，更能勇於表達自己對性的渴望與享受。另一方面，則是客觀條件的允許，讓自己有更多時間與精力追求滿足自我的方式。根據國外某項調查，36歲是女人最能欣賞自己也最能享受性愛的年紀，尤其到了40歲，比以往的自己更有自信，更能放開傳統的束縛，享受性愛帶來的愉悅。那20歲呢？

## 女人20摸索性福，如同放入土裡的一顆種子

20歲左右的女人，正處於摸索自我的階段，對自己有些不確定，還不懂得如何與伴侶談性說愛，對性的看待多了些罪惡、羞怯與害怕，多半抱著被動的態度面對性，主導的往往都是男人。加上這個年齡特別注重身材與外貌的展現，也轉移了自己對性的注意力。曾有個女性友人回憶自己的20歲年代時，跟我說：「我當時對性並沒有特別的慾望，男友如果想要，我會配合，但我自己知道我沒有很享受，我一度懷疑自己是不是有性冷感，直到我30歲……」

太多男人以為女人只要摸兩下就會濕，然後就迫不及待地放入自己雄偉的小兄弟，期待女人享受抽插後的高潮。其實，性愛更該著重於前戲，利用前戲帶出女人隱藏於羞澀後的慾望，透過乳房的吸吮與陰蒂的輕柔按摩，先刺激女人的敏感帶，增加性興

奮，這個時候男人千萬要有耐性，所有的動作都要慢且輕柔，邊撫摸還要邊觀察對方的表情，直到女伴達到陰道外高潮，就更能享受性愛的過程，畢竟女人要達到高潮是需要時間累積堆疊的。

女人則應慢慢放下羞澀，要積極探索自己的身體，多將自己在性愛中的感受與伴侶分享，讓對方知道真正會讓妳舒服的地方，使兩個人的性生活更契合，而不是一味的被動配合與假裝高潮，這樣容易讓對方誤會了妳的感受。相信我，妳越大膽地表示自己，對方更能與妳一起享受兩個人之間的愛。

## 女人30渴望性福，種子發芽、逐漸茁壯

到了30歲，正是男女「性愛的黃金交叉」，男人正因男性賀爾蒙（睪固酮）的下降而性慾漸減，女人反而因性生活的累積，越來越享受性愛。同一位女性友人接著說：「……直到我30歲結婚，我發現我竟然會想要，有時候沒事，也會突然主動跟老公要求親熱，老公說我中猴，被拒絕的反而變成是我。我不懂，以前是男朋友想要，我不想，現在為什麼反而會變成這樣？」

相較於20歲，這個階段的女人雖然更渴望性，但仍處於拘謹的狀態。這時女人的主動出擊更是時候，可以多增加男人視覺上的刺激，穿件性感睡衣或邀請伴侶一起看A片，女人的主動能增加你們之間的性愛契合度。但我要提醒的是，並不是每個男人都喜歡女人這麼直接的性感表現，有些對性表達比較內斂的男人，也許採用暗示性的觸摸或口交會更有效果。

## 女人40享受性福，燦爛好似一朵花

到了40歲，雖說此時女人體內的女性賀爾蒙逐漸下降，但這正是女人性慾覺醒的時候，因此女人對性的渴望並不會因此減少。描述自己與丈夫性生活的40幾歲小凡這麼說：「我很享受與丈夫之間的性生活，只是現在有時候我想要的時間，要不就是老公的大頭睡著，要不就是老公的小弟一覺不醒，這時我都不知道要怎麼辦才好。」

這個時候，因為女性賀爾蒙降低，會出現陰道乾澀的情形，在行房之前，可以先準備潤滑劑（僅限水性潤滑液，請不要使用凡士林，並不是所有可以濕滑的東西都可以拿來用），增加性交的濕潤度，有時候女人陰道的濕潤程度是喚起男人性慾的因素之一。

另一方面，這個年紀的男人不僅勃起功能大不如前，包含體力也出現垂直下滑的現象。他們會變得相對被動，此時，如果女人能在性交前先幫男伴口交，在體位上採取女上男下，或者湯匙式（兩人都採側躺姿勢，男生當然是在女生後面），便能減輕男人體力上的負擔。在體力的消耗不會太大的情況下，更能讓步入中年的男人專注於享受性愛。

## 在任何年紀都要懂得讓自己享受性福

很多女人會覺得好像老了，就不該有性生活，其實在成年之後，性本身無年齡限制，更沒有一定的形式，只要是兩個人都能認同的性都能夠得到更多享受。你永遠不會知道哪一次是最好的，但對於女人來說，她們的渴望更來自每一次完美的性體驗。不同年齡的性與愛，各有讓人無法自拔之處，不管你現在在哪個年齡，在探索自己的同時，更該勇敢的和伴侶討論性愛，只有讓彼此都了解，才能讓妳從性生活中獲得更大的滿足。不管妳幾歲，只需要問問自己「我幸福嗎？」這個問題就讓享受於性愛的你們回答吧！

# CH.2 男·性

## 1 是男人，就該抬頭挺胸？

#親愛的，你怎麼連頭都抬不起來？

我相信這世間最令男人感到懊惱的事，無非就是她在床上含羞帶怯的看著你，而你的小弟卻垂頭喪氣、一蹶不振。房事開始前充滿各種美好想像，覺得小弟的方向應該跟正午時分的時鐘一樣一路向上，結果現實中的小弟卻打了六點鐘的卡。

人還沒老，但分身已經夕陽西下。你哀傷的走在街上，想打電話給好朋友訴苦這樣的無奈心情，但未打已猜到會得到一陣訕笑，而且隔天可能連路邊的阿伯都會關心你，需不需要跟他一起練九九神功，於是你退縮了。因為不知道該如何求助，同樣的事情也周而復始地反覆發生，一個一個不同的她，遇上的都是一次又一次六點鐘的你……的小弟。

也許大部分的人都會覺得這就是「陽痿」吧！如果你剛好有這樣的問題，我想跟正在看這篇文章的你說：「先別著急、更別擔心，也許你只是現在狀況不好而已，就好比是平時身強體壯的小弟不小心感冒了，只要找到小弟感冒的原因，問題都是可以被解決的……」只是，想要解決問題，得先從面對自己開始；想要治療疾病，也得先從了解病因開始。

「為什麼會這樣？我不是還年輕嗎？」我想這是很多人在陽痿發生的第一時間，腦中冒出的問題。我希望大家不要因為害怕面對現實而急著找藉口，也不要覺得陽痿的發生，就好像否定了你大半輩子的努力，其實這真的沒你們想像中的那麼嚴重。

「陽痿」也就是我們常聽到的「勃起功能障礙」，造成陽痿的原因有分「生理性」與「心理性」。簡而言之，生理性就是你沒有好好照顧自己的身體，只好由你的小弟告訴你，你的身體其實已經受傷了；心理性則是基於緊張、害怕、自卑或者過往不好的性經驗帶來的後遺症。

以下，我將生理性與心理性的陽痿分成兩個章節，與各位分享這兩種的不同與建議辦法。

## 生理性陽痿

### 自然現象，老化與更年期

男人一旦邁入30歲，由於賀爾蒙降低的關係，性慾會大大減低，無法再像20幾歲一樣夜夜笙歌。男人在40歲邁入更年期之後，更有可能出現性慾降低、勃起功能障礙的情形，導致有些人以為只要人老了，就沒有性能力了。其實不是這樣的，無論一個男人到多老，都還是可以有好的性生活，而且擁有良好的性生活是晚年幸福與否的一個指標。

根據研究發現，大部分的男人，性生活可以維持到70歲以上，甚至80歲，就像畢卡索一樣，到了70歲，還能娶妻生子。性功能雖然會因為年齡增長而衰退，卻不至於

「喪失」，即將喪失的是生殖能力，並非想做愛的能力。好比一輛車子，開的年限久了，也許會有些問題出現，但不會因此報廢，會開車的人都知道，不愛惜車子的人，車子不用開久也會突然拋錨；懂保養車的人，即使已經變成古董車，還是可以開著到處趴趴走。看到這裡，你應該可以很清楚，性功能好壞的問題在於「保養」，而不在於年紀了吧！

**小博士大建議**

隨著體力衰退，應該開始「調整工作內容」，不要再一味埋頭苦幹。請你了解，工作壓力太大與太過勞累也是導致小弟力不從心的原因之一，試著放過自己，也放過小弟。

同時，如果你能夠有「健康的飲食與適量的運動」就再好不過了。根據研究顯示，塑化劑的攝取與男性賀爾蒙（睪固酮）的降低有關，在越來越多人選擇外食的情況下，維持運動的習慣，尤其多訓練下半身的肌肉，能有效提高男性賀爾蒙（睪丸酮）。所以，維持健康的飲食習慣與適量的運動[1]，對於小弟抬頭挺胸絕對有幫助。

再者，與妻子之間「維持良好溝通，保持親密關係」更是不可減少。有的男人與伴侶之間缺乏良好的溝通，而產生對另一半不必要的恐懼感，因為害怕對方生氣，進而造成對象性陽痿[2]，也是一件不必要也很委屈的事情。

註1：一個禮拜至少運動三次，一次至少40分鐘，不一定要到健身房，到操場慢跑，或到戶外快走都可以，只要讓自己能夠維持有點喘，但還可以說話的程度即可。

註2：對象性陽痿指的是，面對特定人物，小弟無法抬頭挺胸。

## 非自然現象，健康危機

如果你的問題不是以上所提到的，那可能真的要好好檢視自己的身體健康。陰莖勃起需要透過血管擴張充血，只要血管發生異常，就有可能導致陽痿。造成血管異常的因素有：長期抽菸、心臟病、糖尿病、高血壓等慢性疾病。

研究顯示，當你發生陽痿的時候，陰莖的血管阻塞程度通常也超過50％，此時，你的心臟冠狀動脈的阻塞程度也已經達到30%。這個時候，務必找專業的醫師求診，好好配合治療，改善疾病，小弟抬不起頭的狀況也會跟著改善。

我知道很多人害怕看醫生，不喜歡被判刑的無望感，但是請你記得，你如果不找專業醫護人員諮詢，反而聽信網路偏方，自行買成藥亂吃，這才是判自己死刑。

## 2

# 是誰，讓你硬不起來？

## #是什麼東西壓低了小弟的頭？

有些男人在第一次進行性行為的時候就發生「我不行」的狀況，有的人則是曾經有過正常甚至美好的性經驗，但卻在某天突然發生「我怎麼可能會這樣？」的尷尬場面。這在醫學上，分別被稱為原發性和續發性陽痿。勃起有的時候無法由我們的意識支配，不是你叫他站就站、叫他躺就躺，小弟也是有自尊的好嗎？

在大多數的情況下，其實是因為性教育知識的不足與過度的自學造成，A片有時候帶給我們的不是知識，而是自卑。

## 心理性陽痿

### 糟糕的啟蒙教育

有時候，問題的根源可能來自原生家庭或者成長過程中與人互動的經驗。當一個男人從小到大得到的觀念都是「性是一件罪惡的事」的時候，這樣一連串錯誤的思想不斷灌輸在一個正在成長的男孩身上，可想而知，這對他未來的性生活會產生多大的壓力以及隨之而來的後果。

此外，宗教可能是另一個隱性的原因，很多宗教，包括佛教、天主教、印度教以及道教，幾乎都主張禁慾或者要求節慾。大多數人對性與慾望的了解不夠透徹，導致很多奇怪的想法與行為發生，譬如：某些有宗教信仰的人很害怕與另一半有性行為，因為他們覺得這件事對他們的信仰不敬；有些人反而有了性行為之後就不敢再上教堂或佛堂。甚至有人認為只要有性行為就會影響修行，因此一輩子都只能選擇壓抑慾望；有的人則懷疑自己會有性慾是因為心理有問題，因此不敢結婚。

## 壓垮小頭的心理壓力

在導致陽痿的各種原因中，心理因素占不少比例，這和個人特質及面對問題的態度有關。有些好勝的男人很容易把性行為當作是一場表演或者是與前任男友的比拚，在上場之後反而表現失常。

上場前的緊張感讓你們身上的「交感神經」開始作用，但是你必須知道的是，控制勃起功能的是「副交感神經」，你需要在放鬆的情況下，小弟才有辦法抬頭挺胸，雄赳赳氣昂昂的一路向上。只要你越緊張，小弟的頭就會越低，你再多緊張一點，他就馬上變成5公分歪腰的迷你弟了。

很多男人在這個時候心裡出現ＯＳ：「怎麼可能會這樣？」但同時「我會陽痿」的恐懼種子也在心中悄悄地被種下了，這顆小種子不知不覺地發芽，導致一次又一次不小心也不知道為什麼的失敗，而這樣的失敗會讓你與伴侶之間每一次的性愛變得越來越緊張，若此時的你不想面對或治療，這樣的惡性循環往往造成一段婚姻的破裂，或者成就另一段無性婚姻的開始。

此外，因為性知識的缺乏，我們容易對一些挫折過度反應，有些人覺得自己無法做到像AV男優那樣，就好像不是一個可以滿足伴侶的男人。其實，AV男優只是演出大家心目中妄想和幻想的過程，在現實中根本不存在，只要你試著放輕鬆，問題便迎刃而解。這就可以解釋為什麼有些平常號稱性無能的男人在召妓的時候反而虎虎生風，因為這對男人來說只是一場交易，並沒有責任問題，這個時候不用考慮床伴的舒適，反而大爺我可以輕輕鬆鬆地躺在床上讓人服務，在輕鬆的心情下，小弟的頭倒是自然地抬了起來。相反的面對心愛的另一半，心裡充滿不安與期待，既興奮又怕受傷害，在這種交感與副交感神經交錯的夜晚，反而得不到好效果。

再複習一次，你只要一有緊張、擔心、惶恐的念頭，交感神經馬上啟動，切記！「交感一啟動，弟弟頭不動」。

## 也許你愛的不是「她」

其實每個人身上或多或少都有喜歡同性的因子，只是我們意識不到，它可以是形成友誼的基礎，也可以是發展為愛情的種子。在性平意識越來越抬頭的此時，有的年輕男子自小便很清楚知道自己的性向。不幸的是，某些以儒家視野看待性思想的男人，在看似理所當然的發展下交了女友或娶了老婆之後，才突然發現自己的性向原來不在

「她」身上！有的人則是純粹找個擋箭牌，或是只為了表現孝順，不得已順從父母的期待而與異性結婚罷了。

隨著年齡增長，有一些男人會因為自己沒有達到某個確定的目標，而感到焦慮不安，恐懼衰老，害怕一事無成。他們的潛意識會覺得自己的妻小也這樣認為，為了擺脫失敗的見證，男人就會另外尋找新對象，讓一切從零開始。另一部分的人則是獲得了事業上的成功，得到了許多崇拜羨慕的眼光。此時，多年的牽手元配已成黃臉婆，到了「食之無味，棄之又可惜」的地步，這時男人們覺得自己與原配之間的性生活越來越單調乏味，提不起精神，只有找到新伴侶，才能重燃內心的慾火。

**小博士大建議**

好好面對內心的問題，積極尋找原因解決，當你願意靜下心與內心的小男孩好好對話，當你放輕鬆、好好享受性愛的那一刻，我相信一切都能好轉。只要你願意，沒有什麼不可能的，勇敢面對自己的心，才有辦法抬起小弟的頭。

# 3 不可以有臭弟弟

## #私密處清潔不是女人的專利

「為什麼女生洗澡都洗那麼久？」這應該是大部分男生想問的問題。就我所知，有的男生洗澡是直接從頭淋水淋到腳，頭上泡泡全身用，可能最認真洗的地方就是……是哪裡呢？

相較於女人，男人對自身的清潔普遍不足，更何況是自己的私密處。實際上，許多男人的龜頭和包皮感染機會增加，和自己有沒有正確清潔小弟有關。如果你真的不喜歡洗澡，但至少要有幫小弟清潔的習慣，不僅為了自己的健康，也多少為心愛的另一半著想。有些聽了就令人頭皮發麻的婦科疾病，包括：子宮頸糜爛、骨盆腔發炎、陰道炎，甚至是子宮頸癌，大多與男人的「包皮垢」有關。

## 男人的生理特徵，注定小弟容易藏污納垢

首先，男性的包皮是細菌病毒的源頭，尤其包皮垢，更是細菌與病毒最佳培養皿。有些男人因為私密處長期受到包皮垢刺激，容易引發包皮龜頭炎、尿道炎、陰囊濕疹、股癬和肛門炎，若龜頭及包皮感染反覆發作，那我只能眼眶含淚地恭喜你「離陰莖癌不遠了」。

再者，如果你在親熱之前沒有把小弟清洗乾淨，這樣很容易透過性行為把病毒和細菌傳染給對方，若對方處於經期或免疫力不好的狀態，更容易引發不必要的感染。男人不注重清潔，對女人的生殖健康也會造成直接的影響，有許多陰道感染的疾病，如白色念珠菌、陰道滴蟲等是男女共患的，它們會導致女性陰道炎，嚴重者甚至影響女性的生育能力。

男人的腹股溝處（該邊那兒）陰暗潮濕，特別容易成為細菌與病毒的溫床，沒有人會想跟一堆細菌生活在一起，所以我誠心建議各位在行房前都要洗澡，尤其是洗淨你的小弟，你可不想你心愛的女人在幫你口交的時候，含的是充滿發酵味的乳酪棒吧！

## 你可以因為懶惰不洗澡，但你的小弟一定得每天洗！

要如何正確清洗小弟弟？

### ❶ 至少每天用清水沖洗私密處一次

先用淋浴的方式清洗私密處，包含小弟、腹股溝和睪丸們，再洗肛門。清洗完畢後，擦乾的順序記得先擦生殖器，再擦肛門，最好有條單獨的毛巾給小弟使用；如果嫌麻煩，想一條毛巾用全身，那請你至少不要用擦完腳的毛巾再拿來擦私密處，以免你如果有香港腳，就順帶變成香港小弟。另外，一定要常常更換毛巾，避免毛巾上的病菌滋生，反而造成小弟感染。

### ❷ 把包皮推到龜頭後，露出整個小弟的頭

在清洗小弟時，記得要用手把包皮推到龜頭後，將冠狀溝（小弟的脖子處）積聚的污垢、分泌的皮脂與包皮垢一併清除，那是病毒細菌最愛開趴的地方（如下頁圖）。

此外，龜頭皮膚非常嫩，所以在清潔時要注意避免用力過度而受傷。

### ❸ 水就是最好的清洗劑

儘量不要用肥皂、沐浴液或含有專門抗菌殺菌成分的清洗用品清潔，如果沒有將泡沫沖乾淨，有些人會出現包皮、龜頭過敏等不適反應。若使用刺激性較大的清潔用品，會因為過度清洗而破壞小弟皮膚上的保護層，反而容易導致細菌和病毒入侵。如果真的覺得小弟搔癢或刺痛，甚至出現紅腫的情況時，一定要就醫，不要自己使用標榜抗菌的清潔用品隨便清洗，以免更嚴重的狀況發生。

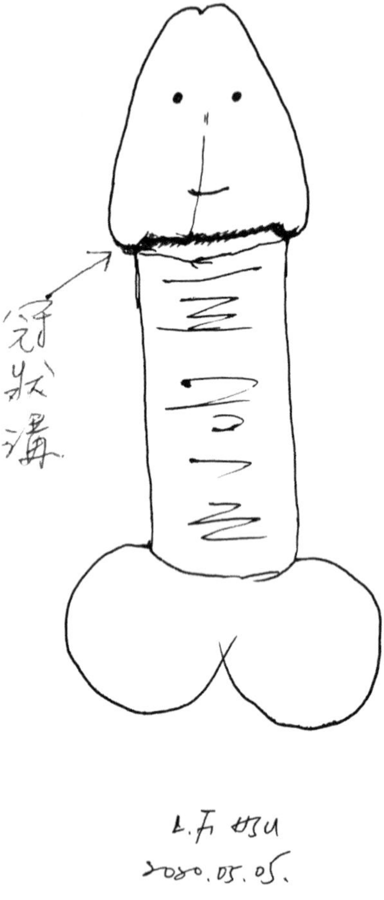

### ❹清洗的時間點：性行為與自慰前後

自慰前的清洗是為了避免將手上的病毒細菌傳染給小弟，導致感染。至於性行為前的清洗是一種對伴侶的禮貌與尊重；性行為後的清洗則可以避免你與伴侶得到私密處感染的機會。此外，必須要確保將所有的體液清洗掉，不然這些殘留的體液很容易滋生細菌；有的人因為沒有清洗，隔天起床就會出現癢癢不舒服的感覺。可以不用在完事後馬上跳下床清洗，但至少在睡覺之前要記得清洗小弟。如果真的懶到不像話，至少也用濕毛巾或無香料及酒精成分的濕紙巾擦拭一下吧！

另外，只要有射精行為都必須要清洗小弟，包含自慰。如果你在自慰時用了情趣用品，也要記得在每次使用後一起將情趣用品清洗乾淨並晾乾，不然也會增加小弟感染的機會。

近年來男性私密處的感染越來越多，很多都是不潔的生活習慣引起。每天清洗私密處，除了預防小弟感染之外，還可進行睪丸癌的自我檢查，提早發現有不正常硬塊，便可及早就醫檢查，更可提高90％的治癒率。

祝福大家幸福又性福！

4

# 「褲襠一大包」才是男人的象徵？

## #比長度更重要的是……

**只要你有能力勃起，長度絕對夠用，比起在乎長度，還不如算對寬度，更重要的是你關心她的溫度。**

「我的（陰莖）會不會太小？」這是大部分男人都想知道的。很多人號稱自己有30公分，甚至以長度為傲，覺得越長越好，但真的是這樣嗎？

很多男人會在意長度的原因，多半是覺得「深入深處才會高潮」，似乎以為只要能插到陰道深處，「插多深女人就有多高潮」，這絕對是錯的！此現象我稱之為「A片觀後症候群」，當A片中的男優將「整根陰莖」放入女人陰道時，女人通常會表現得十分興奮，甚至展現高潮的模樣，於是不少男人以為要插入越深、至頂處，女人才會有高潮，因此把陰莖長度視為重要的高潮指標。

請注意，那只是A片中女優的「演出工作」而已，為了讓觀眾在無法感受的情況下，可以馬上接收到影片中的男女已經高潮的指令，最明顯的方式就是「演得激動且誇張一點」。其實，女人的高潮並不會在男人陰莖深入至頂的時候發生，也不是每一個人都會表現得如此誇張（關於女人高潮，請見第58頁）。

台灣女性陰道的長度大約為7至9公分，而女性陰道的神經大部分都在陰道前三分之一，包括外部的陰蒂、陰唇，陰道後三分之一是沒有感覺神經的，所以女人的陰道深處其實是沒有感覺的。可以確定的是，女人不會因為插入越深就越舒服，至於你會覺得女人被插到深處時似乎很有感覺，那只不過是因為插入時摩擦到陰蒂的感覺，或者是男女私密處的碰撞感受罷了。

男人的陰莖只要勃起後有7公分，就已經超過女人陰道前三分之二的長度，其實99%男人的長度已經很夠用了。

既然陰莖的長短在性交時，對女人的快感影響並沒有想像中的大，那麼……粗度呢？跟長度相比，粗細倒是占了些影響力。不過，粗細會影響的反而是性病的感染與意外懷孕的發生，因為陰莖的粗細與保險套過緊、太鬆都有關係。

## 事後避孕藥別亂吃

在乾柴烈火之際，忘了戴保險套、保險套中途掉了、或事後發現保險套破了，女人為求心安而選擇服用事後避孕藥。每當我聽到這樣的事情，我都會先深吸一口氣，然後苦口婆心地說：「拜託，下次不要再吃了，好嗎？」

很多人以為事後避孕藥可以常常吃，甚至有些人覺得事前避孕藥需要天天吃，要記每一次服用的時間很麻煩，還不如只要在一次的性行為之後，吞一顆事後避孕藥輕鬆方便多了，其實這些都是錯誤的迷思。

事後避孕藥的成分大多為雌激素和黃體素，利用「高劑量的女性賀爾蒙」干擾體內原本的賀爾蒙濃度，透過抑制排卵或延遲排卵的方式，降低受孕機會。由於事後避孕藥的濃度太高，很容易讓服用的人出現噁心、嘔吐、乳房脹痛等不舒服的副作用，若是常常使用，很可能會影響身體的內分泌系統，導致亂經、經血暴增或月經不來，嚴重者甚至會影響未來的受孕機率，因此事後避孕藥絕對不可以常態使用。最保險的避孕方式則是女生服用事前避孕藥，加上男生全程戴上保險套，在雙重避孕下，兩個人更能好好享受當下的性愛，也不至於在濃情蜜意之後，換來事後的膽戰心驚。

有許多男人不喜歡戴保險套，除了有隔絕感之外，大部分還是因為用了不合適的保險套，太鬆或過緊的保險套，不僅會造成戴起來太寬鬆或過度緊繃的不舒服感，還會增加了漏精及破裂的風險。所以，只要選用到合適又貼身的保險套尺寸，我相信能夠大大增加你們使用保險套的意願。

小弟的寬度遠比長度重要。一般市面上銷售的保險套長度大約落在17公分至19公分之間，反而在購買保險套時，選擇適合自己小弟的寬度才是重要的，太寬或太窄都會發生使用上的困難。

## 怎麼挑選保險套？

### 首先，請搞懂小弟的腰圍粗細

在你們買鞋子之前，一定都知道要量尺寸，太大太小的鞋都會讓我們穿得很不舒服，同樣的，買保險套也是一樣。現在有測量小弟尺寸的工具可以讓大家使用，保險套的尺寸大小是依據陰莖「闊度」，闊度就是保險套圓周長的一半，也就是小弟腰圍的一半。國內大多數保險套盒裝標示尺寸的闊度，都是 52mm ± 2mm，這就表示保險套周長為 52 × 2 ＝ 104mm ± 2mm 也等於 10.4cm ± 2mm，這也就是你小弟的腰圍。

## 再來，請選擇保險套的厚薄

市面上保險套的材質有兩種，乳膠及聚氨酯。乳膠材質的保險套較厚，味道較重，但也較耐磨，因乳膠味道重，不建議使用此材質的保險套進行口交。如果你發現你是龜頭比較敏感的人，反而可以使用乳膠材質的保險套，一來可以降低龜頭受到的刺激感，二來也會減少因敏感而早洩的情形。

許多男人為了追求無套親熱時的快感，偏好選擇較薄的保險套，目前厚度 0.03mm 以下的保險套大多由聚氨酯製成，彈性比較差，容易在摩擦的時候破掉。所以，選擇較薄的保險套時，請記得搭配潤滑劑，可以降低保險套破掉的風險。切記，性行為使用的潤滑劑要用「水溶性潤滑劑」，千萬不要以為只要油油的都可以拿來使用，譬如：凡士林。

另外，千萬別讓對方使用嘴巴幫你戴保險套，這樣很容易在戴的過程中，保險套不知不覺被牙齒劃破。

## 最後，保險套不是套上去就好

**保險套使用五步驟：擠、撕、捏、套、丟**

①**擠：**請把保險套往內擠，避免在撕開的過程中，劃破保險套。

②**撕：**將包裝撕開。

③**捏：**捏緊保險套前端的小帽帽不放開，把小帽內的空氣排掉。

④**套：**不要急著把保險套完全展開，一手仍捏緊保險套前端的小帽，另一手慢慢地將保險套從勃起的龜頭開始往下套到陰莖根部，直到整個陰莖被包覆。

⑤**丟：**在性行為結束後，就將保險套脫下、綁好，並丟入垃圾桶。

射精一結束，小弟就會開始縮小，但保險套並不會跟著你的小弟一起縮小，這個時候就很容易發生精液從縫隙中流出來的狀況，更危險的是在射精完畢後，在陰道裡溫存停留太久，這樣很容易讓精子們鑽出孔隙，造成懷孕的意外。

親愛的男人們，請你們一定要記得，如果你愛你的伴侶，請將保險套戴好戴滿。我相信，你的用心呵護或適時使用些性愛技巧，在這個時候展現男人的溫度，絕對勝過小弟的長度、粗度，才有辦法讓彼此更能在安全感中享受純粹的性愛。

**小博士大建議**

坊間有量測小弟弟粗細度，也就是陰莖「闊度」的測量尺，可搜尋關鍵字「陰莖闊度測量尺」來協助。量測方式如下：

- 先將測量尺做成環形。
- 在陰莖勃起時，將環形量尺套在陰莖上。輕拉量尺，讓量尺剛好包圍住靠近根部的地方。
- 讀取量尺上的闊度數字，這數字就會是適合戴的保險套尺寸。

# 5 射精就是高潮了嗎？

## #男人有射才會爽？

曾有人問我：「老公跟我說做愛完的感覺很舒服，但是他其實有時候沒有射精，這樣不就代表沒有高潮嗎？他是不是在騙我？」也有人問到：「我跟老公才做沒多久，老公就射（精）了，是他真的高潮？還是只為了敷衍我？」這是男女都有過的疑問，甚至有的人會很果斷的回答：「沒有射精當然沒有高潮！」但，真的是這樣嗎？這一章節就讓我們一起來了解有關男人神祕的高潮。

男人的性高潮幾乎依賴於對陰莖的刺激，通常高潮發生的時間點幾乎和射精是同時的，有些男人在高潮的時候有強烈的生理反應，不是大聲的喊叫就是猛烈的身體抽動，加上A片的演出幾乎是如此，導致很多人會有「男人只要高潮就一定會射精」的誤解。其實，射精和高潮在男人體內是兩個不同部門掌管的事。對許多男人來說，高潮的快感來自於射精的瞬間，而有些男人在射精之後，還可以保持著高潮的強烈感覺；另一群男人除了射精之外，在性交過程中仍能經歷一些時間較短的小高潮。

從生理上來說，大部分男人進入中老年之後，因為年齡的增加與賀爾蒙的降低，除了射精的次數減少，精液的分泌量也會減少，但高潮不可能因此消失，甚至有些人根本不用射精，其實也會有高潮的感覺。當男人在接近高潮的時候，稍微停下來，有意識地延遲到達高潮，然後再重新衝刺，接下來的高潮感會更加強烈。

既然大部分的人把「射精量」和「射精行為」連結在一起，那麼以下我就分兩部分跟你們討論。

## 精液量

有些人會問：「太常射精會不會哪天射光？」答案是：「不會。」一個健康的成熟男性，每次精液的排出量為1.5ml至5ml，每當男人射精完一次後，身體會慢慢再補充。一般來說，三天左右會補回正常的量，所以當一個人在短時間內射精次數太多（自慰次數太多或性生活太頻繁），每射精一次，精液的量就會一次比一次少。若你是在這種情況下引起的精液過少，就不用擔心是不是有疾病，也不用擔心焦慮，只要你把這一次和下一次射精的時間拉長，一切就會恢復正常。如果沒有上述狀況，當你射出的精液量少於 1.5 ml（精液過少）或超過 7ml 以上，前者和睪丸功能異常、內分泌紊亂、精囊前列腺疾病，或結構上異常有關，後者大多與精囊炎有關，無論你是哪一種，都應該去就醫找出原因。

有規律地射精不僅不會把精液用光，也不會影響身體健康，而且還有利於新陳代謝，有些人累積太久沒有射精，反而導致陰囊脹痛，精子不排出體外也會老化、死亡，某些人則會以夢遺的方式排出。

## 射精行為

「高潮」主要發生在大腦，當你與心愛的人發生性行為時，彼此的情緒與肉體達到緊密的連結時，會產生一種「深層次」的感覺，這才是真的讓人感到快樂的來源。就算沒有身體接觸，在睡夢中也可以達到高潮，與伴侶的關係越親密，男性越容易獲得性快感。

「射精」只是一個「反射動作」，有些男人在自慰的情況下，即使沒有高潮感，也會射精，這只是一種無法控制的生理肌肉痙攣導致的射精行為。所以當一個人高潮的時候，不一定會射精；當一個人有射精行為的時候，也不代表他已經到達高潮。甚至有些男人也會跟女人一樣假高潮，當男人因喝酒、壓力大或太累，只想趕快應付伴侶去睡覺的時候，就會用射精的方式來假裝自己已經達到高潮。

性，需要享受。如果一個男人過度執著於高潮就一定要射精，無疑是給自己不必要的壓力。反之，如果女人常常用男人有沒有射精，或是以射的精液數量多寡做為自己魅力的檢視，也是無意間為男人帶來「只要做愛就一定要射精」的壓力。在這樣的壓力下，不僅無法好好享受性愛，更可能造成男人無法勃起的情形，也會為未來的性生活帶來不可抹滅的陰影，不旦影響了興致，更影響了兩個人之間的關係。

簡而言之，不管年齡多大，感受高潮的能力不會改變，問題是男人能不能讓自己享受，一個年輕人很享受馳騁在浪上的快感，隨著時間慢慢衰老，也能在泳池中享受悠遊自在的快樂。高潮的生理反應也許會隨著年齡而有所不同，但我相信只要能夠懂得享受，射精會因為年齡而逐漸減少，但高潮所帶來的滿足感不會減少。

6

# 為什麼我變成工具人？

#什麼才是真正的付出？

**只有心甘情願的付出，才能感受真實的快樂；只有不視為理所當然地感謝，才有獲得幸福的資格。**

小德走入診間，嘆了幾口氣說：「為什麼我對她這麼好，平時相處的時候都很開心，但是只要我在節日的時候想約她出去，她總是告訴我她還沒準備好，直到我看到她其實已經有其他的約會對象，我才知道原來我只是她的工具人，難道我對她這麼好，她都感受不到嗎？」

「她當然感受得到！只是，感受得到跟想不想跟你約會完全是兩碼事。」

我相信這是身為工具人的人都有的心聲：「為什麼我總被當工具人？」其實，我想說一句不中聽，但卻是事實的話：「不是人家把你當工具人，而是你允許自己變成一個工具人。」

工具人之所以會甘於如此，我認為有兩個原因：其一，在無止境的付出當中獲得自己在關係中的存在感與成就感；其二，對她的付出只是一個你達到某種目的的手段，至於達到什麼目的？當然就是和對方成為男女朋友的目的，或者你想因此獲得在對方的心中有一個不可被取代的地位。只是，這樣帶有期待地付出，往往得到的不是對方的真心或重要的地位，而是你不想要當的「工具人」。

想要脫離工具人這個角色，首先你要先問問自己，「你願意這麼付出的原因是什麼？」在變成工具人之前，你得先要有一個心儀的對象，在友達以上戀人未滿之前，你們之間的關係往往已經演變成「要追我就要對我好！」的恐怖失衡，在這樣的情感勒索之下，你似乎就被說服了「對啊！我要追你，就要當你的阿拉丁神燈。」但你們是否都忘了自己其實擁有選擇權，你可以選擇自己想要的，而不是一味被對方要求。

情感的培養是互動的，付出是互相的，不是一個拚命追，一個拚命跑，甚至在你跑累的時候，還會有不知哪來的聲音提醒你「快繼續追呀！別忘了我還跑在你前面！」

這樣的互動很容易衍伸出兩種結果：一個就是永遠的李大仁——無止盡且沒有原則的付出，到後來甚至變成一種刷存在感與尋求被肯定的習慣。另一種則是演變為情殺事件的男女主角——拚命追到後來發現，原來一直跑在你前面的那個人，不是為了被你追到，而是跑向另一個人的懷抱。因此，你越想越不甘心，不小心就變成「愛不到就殺了你」的社會版頭條新聞。

## 當她對你有好感的時候，你的付出才有意義

我想你得先知道一件事，「建立友誼或拓展人脈」跟「帶有期待的付出——幻想有一天她就會跟我交往」是兩種完全不同的狀態，只是剛好都會不約而同地走向一個結果：「對方並不會因此愛上你」。

無論是一見鍾情或日久生情，「愛」在產生之前，都需要「好感」這個媒介來觸發兩人之間的化學反應，而「是否愛上你」則決定於「你的魅力」，而不是「你的付出」。

男人的魅力不等於就是高富帥，而是由內而外散發的才華、個性、風采與態度等個人特質的展現。先由魅力產生「好感」，再啟動產生愛情的化學變化，這樣一來，

你的付出才會對兩個人的感情是否成立有所影響，不然一味的付出只會換來對方的不耐煩或不珍惜，不管哪一種都讓人既氣憤又遺憾。譬如：你站在大雨中等她下班，就只為了見她一面，如果她對你是有好感的，也許會對你的出現感到驚喜而感動到痛哭流涕，彼此在大雨中抱著轉圈也只是剛好的事。相反地，如果對方對你根本沒有感覺，你費盡心思地等待，帶給她的只是驚嚇，甚至還會讓她對你產生反感，此時的你，只會分不清臉上流的是淚水還是雨水。同理，就算你做了許多讓人感動的事，如果沒有「好感」讓關係產生化學反應，感動就只是感動，並不會因此變成愛。

不管是哪種情況，我建議各位，在你付出之前必須先想好三件事：

**第一，先想清楚「自己對對方是否有期待？」**

在付出之前，你必須很老實的問問自己：「你對她的付出，是不是為了達到某種目的？」你仔細想想，在自己付出的同時，「是否多了些對她的期待？」未知的期待，會讓人盲目的付出，到頭來你會發現，讓你傷心的其實不是她，而是你不該有的期待。

有些男生在對方交了男女朋友之後，把自己當初感人又厲害的付出拿來說嘴，搞得好像女生沒跟你在一起是一種天殺的錯誤，甚至有的人會認為這是一種背叛或利用，還會把送過對方的禮物逐一要回來。其實，你會有這些不好的感受，只是因為當初你在付出之前，沒有設定好停損點，也忽略了自己在付出背後，其實還多了不切實際的期待，因此導致的心理不平衡。

**第二，先想好「當對方對你的付出沒有回應的時候，你可不可以接受？」**

如果你無法接受你的付出有可能是沒有回報的，那麼就在一開始不要這樣做，帶有期待的付出下，只會換來不平衡的感受與關係。

**第三，再想想「這樣的付出，是否會影響自己的生活？」**

如果你的付出（時間或金錢）有可能會影響到生活或經濟的話，最後獲得的不僅是不平等的關係還有不健康的生活。有的人為了買昂貴的物品或滿足對方的慾望而花費超出自己能力的金錢，導致自己吃土、喝空氣；有的人則用盡自己的時間，只為了做一些幫忙寫作業或跑腿等討好對方的事。到後來你會發現，自己到底是為了誰而活？這絕對不是我們所樂見的。

## 真正的付出是不求回報，甚至沒有期待

「對你好，只是因為我想這樣做，而不是期待你在未來需要用什麼方式或以哪種形式回報我。」不管你是正在被利用的工具人、曾經是工具人或者很幸運從沒當過工具人，我都希望在未來的日子裡，無論是建立友情、拓展人脈，或者追求愛情，只要你能把握兩大原則，一是掌握付出的時機，二是使用適當的方式。我相信，你都能單純地享受在付出當中獲得的快樂，不但可以避免自己成為工具人，也能獲得自己真正想要的友情、人脈及愛情。

7

# 哪個男人不花心？

## #男人是不是都定不下來？

**愚鈍的女人，用美貌吸引男人的下半身；聰明的女人，用智慧留住男人的下半生。**

在朋友聚會上遇見以前的同學，幾句寒暄之後，同學便開口問：「誒，我問妳喔！前陣子朋友介紹我認識一個男生，我們見過幾次面，也有去吃飯和看電影，感覺都還不錯，他表現得好像我們是情侶一樣，人家都以為我們在談戀愛。但是，我們沒有見面的時候，他都很少打電話給我，也很少跟我說他在幹嘛，有時候我真想到他的公司突襲他，看他到底在搞甚麼鬼，但是，我有忍下來啦！畢竟我們又沒有說好彼此是男女朋友。」

在感情裡，這似乎是常常會遇見的問題。總是在邂逅之後，經過一段時間的約會，女人開始對男人牽腸掛肚，男人卻表現得不冷不熱、不痛不癢，有時候不禁讓女人心想：「當初不是你先約我的嗎？為什麼現在的感覺搞得好像是我在倒追？」

這個階段正是你們關係的「不確定」時期，男人此時通常採取「被動滿足」的方式，搞得女人在這個時候患得患失，只要沒有秒讀訊息，就開始胡思亂想、一天沒接到電話，就只差沒報警協尋。

「他是不是真的想追我？」、「他是不是真的喜歡我？」、「他是不是真的愛我？」我相信這些問題困擾了很多正在曖昧與戀愛中的女人。對男人而言，他們的愛情其實是從性吸引力出發，從視覺刺激到產生性慾望，幾乎所有的男人都是如此，差別只在「他知不知道自己想要什麼」而已。

簡而言之，男人的第一眼（**第一階段**）就是「被妳的美貌與身材吸引」。在這個階段，妳所有的神情和動作，在男人眼中都是極具吸引力的，妳所有的壞脾氣和任性，也都被視為是天真可愛的小淘氣。

**第二階段**，男人才剛開始接觸到妳的個性與生活，妳的一切都極具「新鮮感」，也因為對妳還不夠了解，妳帶來的「神祕感」引起他的好奇心。俗話說：「好奇心殺死一隻貓。」而我說：「好奇心使男人墜入愛河。」讓男人持續注意妳最好的方式，就是一直讓他對妳產生好奇，他就會不斷花時間在妳身上。所以，妳不可以在一開始就讓他掌握妳所有的行蹤，更不可以讓他對妳的喜好瞭若指掌；他沒問的問題，請妳不要搶先回答，談戀愛不是公司面試，你不需要在他對你好奇之前，就遞出妳的履歷，攤開所有的身家經歷以及興趣喜好。與男人相處，他對妳越是不了解，你們越是容易進入下一階段。

**第三階段**，當他花越多時間了解妳的喜好與個性，就越認識妳，也就越容易對妳產生喜歡的感覺。因為喜歡，更想和妳相處，在相處過程中，便會慢慢累積對妳的「信任感」。在這個階段，兩個人會慢慢地建立彼此的默契，從一開始抱著好奇的冒險心態，慢慢轉變為熟悉的安心感，漸漸地，妳的存在已經是他生活中的一部分。這時候的妳，對他而言，已經從劃破恆常的流星，變成了北極星，也許對妳不再時時關注，但他知道，只要他需要，一抬頭望，妳就在那。

**第四階段**，此時的他在妳身上感受到信任，所以漸漸願意放下面子、不再逞強、展現脆弱。每個人都會在自我揭露的時候感到恐懼，害怕被評價，這樣的檢視比妳在服飾店員面前更衣時的不自在感再多上一萬倍。因此，很少有男人會和同一個女人走到這個階段，反倒對女朋友以外的女人部分揭露自我，因為陌生、因為不熟悉，也因為不認識，所以不用擔心，更不用在意對方對自己的評價，在說自己脆弱的事情也比較不會那麼沒有面子。當妳發現他正在對妳訴說自己的脆弱時，恭喜妳，已經越來越靠近妳的男人「定下來」的時候了。不過請記得，此時妳要回應他的是：「別擔心，有我在這陪你。」讓他知道妳可以接受所有的他，千萬不要跟著數落，這樣才會更順利的往下個階段走。

**第五階段**，當妳的存在，能夠讓他更肯定自己的時候，妳已經讓他漸漸地越來越想定下來了。一個女人的外在條件再好，如果男人在她身邊，只會覺得自己一無是處、像個廢物，妳覺得男人還會想跟這個女人互訂終生嗎？通常，這也是男人發展外遇關係的時候了。

**第六階段**，也是最後一步。當他在妳身邊，除了能夠感受到自己更好，還能體會到妳在他生命中扮演的多重角色，亦師亦友，是家人也是伴侶，而且兩個人都能夠在彼此的生命中持續成長。此時，妳已經讓他對你產生了不可取代的情感連結，妳就是那個不可取代的對象，也就是那個他想要定下來的人。要同時成為一個男人的朋友、情人、家人不是一件容易的事，但是，當妳善用角色脫離與同理的方式看待事情的時候，我相信這對妳來說絕不是難事。

我不會說一個男人天生就花心，也不會回答男人就是定不下來，當妳有辦法讓他信任、讓他依賴、讓他揭露自我，當他知道和妳相處並不會失去自己原本的樣貌，也不會對他目前想追求的東西有所限制，那麼我想「把妳定下來」對他來說，將會轉化成為是一個對未來的期待，而不是對承諾的恐懼了。到那個時候，他的下半生，自然也就在妳的手掌心了。

8

# 姐弟戀才跟得上流行？

## #當女人自主與經濟獨立時，待在家已成為一個選項

**姐弟戀在近幾年忽然掀起一陣流行，從偶像劇夯到現實生活，但現實生活中，和年紀比自己大的小姐姐交往，真能修成好果？**

傳統觀念裡認為的好婚姻，考量的不見得是愛，而是男人是否有能力可以撐起一個家庭，也因此，大多數女人都想找一個可以依靠的男人，男人對於婚姻的想法，也幾乎都是「要存夠錢，才能結婚」。大家對於依靠與責任的標準幾乎都建立在「經濟能力」。基於這樣的道理，並不難了解為什麼有人無法接受姐弟戀。但是，幸福真的會因為經濟穩定或富有就隨之而來嗎？若是有錢就值得依靠，有錢就代表責任，那為什麼在社會上，許多有錢人在結婚之後，多的是家暴或外遇等不幸的例子呢？在傳統

帶來的價值觀裡，經濟責任定義了他們的面子，卻從沒想到愛才是奠定婚姻一切的基石。

每個進入婚姻的人被問到「你為什麼要結婚？」答案幾乎都是「時間到了」、「交往久了，不結要幹嘛！」和「他經濟能力很好，可以嫁。」或「因為懷孕了，不得不……」等有關歸宿與承諾的現實問題，很少會聽到「因為愛，所以我們想共組家庭。」但是，請你想想，一段關係的開始，不就是因為有愛的存在，所以才得以延續，所以才有了想婚的念頭，如果大家是因為「愛」而踏入婚姻，那麼誰大誰小，又真的這麼重要嗎？

也許有些人會說：「沒有錢光有愛有個屁用？貧賤夫妻百事哀。」但我認為，一段感情若只建立在麵包或愛情的選擇，那麼永遠都只有依附與寄生的關係，就算聲稱有愛，那也只是賀爾蒙變化帶來的錯覺罷了；當熱戀期、蜜月期一過，被依附者便開始感到莫名的責任與壓力，寄生者則開始感受到卑微與委曲，因此兩人的關係就在負面感受中出現裂痕，直到關係結束。

真正的愛，應該是由兩個獨立的人所共同建立而成的第三空間，這個空間不屬於任何人，只屬於「我們」，沒有寄人籬下的委屈，也沒有非異人任的壓力，只有「自在」。

人只有在自在的地方，才有辦法做自己，才有能力感受幸福，也才有延續感情的渴望。在遇見愛之前的獨立（包括經濟獨立）是必要的，也只有如此，才有力量和餘裕去感受愛。

在我看來，姐弟戀之所以越來越流行，原因在於時代的轉變，女人經濟越來越獨立，不再需要當一個乖乖待在家的女人，痴痴等待一個為了家庭溫飽而奔波的丈夫返家。而且最後等到的，只是一個整天累個半死，回家只想呼呼大睡，根本沒有相處時間，到後來兩個人的關係變成有結婚證書的室友而已。

因為女人有賺錢的能力，正好減少了男人在經濟上的壓力，有更多陪伴彼此的時間，享受兩個人相處的時光，更能好好的享受戀愛。另一方面，當女人達到一定的成熟度，情緒相對比較穩定，知道自己在愛情與性生活中想要的是什麼，更懂得在關係中主動且清楚表達自己，不會選擇當個總要人家猜測與等待別人付出的小公主，也比較不會用控制與監視的方式得到安全感，這樣的互動為男人帶來不少空間與自由。另一方面也說明了男人對角色轉換的渴望，從呵護別人的角色成為被關懷的主角，沒有人是只想照顧別人而不想被照顧的，成熟女人的這些經過時間淬煉的特質，智慧、溫暖、自信、歷練與包容，對男人非常有吸引力，只是通常在年輕女孩身上看不到。

就生理層面而言，姐弟戀的性生活似乎更和諧，男人的性能力高峰從20歲開始，直到30歲到高峰，40歲開始便力不從心；女人的性高峰則從30歲開始，直到40歲依然旺盛，姐弟的年齡差恰好完美的配合了雙方的性高峰期。

此外，我也觀察到能夠接受姐弟戀的男人，他們的骨子裡充滿了自信，這些男人不在乎別人怎麼看待自己的經濟能力，不擔心自己賺的錢不夠兩個人花用，他們只需要知道自己夠有擔當，會用「心」照顧和珍惜與自己相處的女人，享受在這段為彼此相互付出的關係裡。

當你真正找到互補的另一半，誰說一定要男主外女主內，誰說一定要男尊女卑或女權至上？又有誰規定賺錢的工作只能由男人負責，照顧一家大小的只有女人能做？誰有能力就做什麼事，只要彼此對感情的付出能達到平衡，在彼此的愛中感受似情似友的親密關係就好，這樣誰大誰小又有什麼關係呢？反而這種互助、自在的相處方式，更能得到加倍的幸福。

婚姻的組成，理當是因為相愛而決定攜手一輩子。在愛裡，年齡從來不是問題，有問題的是我們看待這件事的心態。其實，沒自信才是問題的根本，沒自信的一方，很容易在討好與迎合中失去自己，要擁有圓滿的幸福，就必須勇敢活出自信與那份超越年齡界線的愛。

9

# 男人啊！吞比較多苦不會比較幸福

## #別再把苦往肚裡吞

**大多不必要的壓力，都來自該死的面子。**

你們一定聽過「擁有幸福家庭，是男人一生中最大的本事」，但我接著想說的：「能放下面子，更是男人的真本事，也因此才有能力擁有幸福的家庭。」

這個社會賦予男人的期待，讓你們的世界充滿了挑戰和壓力，除了男人天生血液裡流著的狩獵慾與征服感，讓男人心甘情願接下社會對你們的期待，更多肩上的壓力其實是來自不必要的「面子」。

曾經有個案駝著肩膀、拖著沉重的腳步走入諮詢診間，坐了好一會兒不語，「怎麼了？」我問。

「我不知道該不該說，我怕說了會不會不像一個男人。」他低著頭緩緩地說。

我說：「沒有什麼話說了會不像男人，再這樣下去，連好好當個人都有問題了，更不用說能不能當一個你所謂的男人。」

「我半年前交了一個女朋友，我們相處得很開心，常常東奔西跑，累積兩個人的回憶，但我發現我越來越不喜歡出去。」他似乎獲得首肯般地開始說。

我試著引導他繼續說：「有什麼事發生嗎？」

「沒發生什麼事，只是我欠的卡費越來越多。」

「卡費？」

「嗯，卡費。再這樣花下去，我負擔越來越大，讓我越來越害怕跟她相處。」

「你有跟女朋友討論過這件事嗎？」

「沒有。因為她喜歡有一起共同旅遊的回憶，身為一個男人就該讓對方過得開心過得好，不是嗎？」

我反問他：「那你快樂嗎？」

「一開始很快樂，但我好像越來越不快樂。」

我鼓勵他回去好好的跟女朋友溝通這件事，但他掙扎地表示：「我不知道怎麼開口，我怕她生氣，而且我覺得好像說了就不像男人了。」

「你覺得男人應該要怎樣？兩個人在一起是互相的，不是只有你讓她開心快樂就好，那你呢？如果你不開心不快樂，變成一個充滿壓力的人，開始不敢和她相處、開始想逃，那這樣你帶給她的就是開心快樂嗎？我相信一個在乎你的女朋友，絕對不會因為你跟她坦承你有壓力（卡費）這件事生氣，想要跟你出遊，不一定要出國或花大錢，重要的是兩個人相處的點點滴滴編織成的甜蜜，不是用錢砸出來的回憶，我相信她反而會因為你瞞著而他感到不開心，或者是心疼。」

經過一番談話後，他帶著我調給他的複方精油回去，姑且稱它為「勇氣」吧！下一次再見面時，我看到的不再是一個駝著肩膀、擔著壓力的不快樂男子。他跟我說：「博士，我照你說的做了。一開始我真的不敢講，我以前也許會找盡理由只為了不要出去玩，因為這樣可以節省花費，但那時候換來的是她覺得我變了，然後開始吵架。這次我有點豁出去跟她表明，我不是變了，只是之前為了兩個人的花費導致的卡債問題，她的震驚與自責反而讓我有點心疼，經過溝通之後，我們協議好一起把卡債處理完。而且的確就像妳所說的，我女朋友也說最重要的是一起相處時光，而不是去哪兒。」

我看著他的笑容，停了幾秒後問他：「你現在感覺怎麼樣？」

「突然感覺心裡好輕鬆，跟她的相處也更自在，原來不花錢也是可以製造兩個人的回憶。」他雀躍地說著。

很多時候，面子帶來的壓力是男人自找的，在我看來，願意放下面子的男人過得更快樂。演藝圈的陶晶瑩與李李仁、賈靜雯與修杰楷，都是有名的幸福姐弟戀，不管是經濟收入或名氣，女生看起來都高過男生，但那又如何？他們有因為這樣不快樂不幸福嗎？我看到的，反而是男生的自信與自在取代了社會所謂的「面子」，換來的是更幸福的家庭與愛情。

一段感情或婚姻裡，社會的期待與面子都不是必要條件，只要兩個人能夠一起為生活努力，彼此用心付出，誰賺多賺少，誰做多誰做少都不是問題。前提是兩個人願不願意「一起」為對方付出，給彼此支持。如果你發現你在一段感情裡，即便放下面子、願意溝通，對方還是不能理解的一味要求「是男人就該這樣或那樣」，那我想該考慮的已經不是面子與壓力，而是你選擇伴侶的問題。我始終相信一個愛你的伴侶，責備的是你的隱瞞，而不是你沒有達到「社會期待的烏托邦男人」。

我知道你認為把責任扛在肩頭是男人的義務，但是我要跟你說，女人需要的不是你有多少可以承擔的義務，而是你所忽略的溫柔與適時的脆弱，這樣的男人最讓人心醉，讓人心疼，讓人想分擔他的壓力。我並不認為表現出脆弱的一面就不是男人，我反而覺得這才是理想的伴侶該有的樣子。

當一個男人開始有以下的行為時，我想你們要學著面對自己，開始找尋自己的壓力來源；面對逆境與壓力，也許逃避是最簡單的方法，但是當你面對之後，你會發現，即使壓力沒有消失，但你生活的心情絕對會不一樣。

**❶ 開始用情緒對話**

心裡很多的不痛快，憋久了就像一顆炸彈，一點就爆。

**❷ 菸不自覺地一根接著一根抽。**

期望藉由香菸帶走煩惱，無奈煩惱帶不走，反而帶來對健康的損害。

**❸ 習慣買醉**

想用酒精忘記生活的壓力，也許當下壓力不見了，但隔天保證買一送一，壓力不但沒消失，還會加倍奉還。

### ❹ 車停在門口，就是不想開門回家

當你在外壓力太大，回到家也不能訴說，那你回到的絕對不是家，而是牢籠，誰會沒事想坐牢。

### ❺ 情感變得冷漠

不管對誰都不想說話，也沒有表情，只有緊緊的眉頭。

### ❻ 開始對會聽你傾訴的女人有心動的感覺

男人的壓力，在家裡得不到釋放，就必然會找到別的出口，一個可以傾訴、可以理解自己的女人。

只要是人都有壓力，適時放下壓力，不要讓壓力禁錮自己，你身上背的壓力會讓溫暖的家變成冰冷的牢籠。請你們相信，唯有能讓自己快樂的男人，才有辦法寵出你想要的好女人。

# 10 為什麼男人有了女伴還愛看A片？

## #A片存在的意義是……

當男人講到A片，每個眉飛色舞、各個如數家珍，甚至有的男人還會遇到「看A片時小弟直挺挺，遇到女伴小弟卻軟趴趴」的問題；當女人提到A片，不僅沒有高昂興致，反而總會冒出一句「我真的搞不懂為什麼都已經有老婆／女朋友了，他們還要看A片？」甚至，有的女人會認為「是不是我魅力不夠，所以我老公才愛看A片？」或者「每次只要讓我發現他看A片，我就有一種被劈腿的感覺！那種感覺真的很糟。」

到底是為什麼男人這麼愛看A片呢？我曾經也這麼質疑過，難道已經有伴侶或老婆了還不夠嗎？但一切都在了解男人與女人的不同後而釋懷，以下是我整理得幾個原因給你們參考。

## ❶ 除了性，還能想到什麼？

俗話說：「男人七秒就想到性。」這句話的數據雖然有點誇張，但在研究上，一個健康的男人，一旦到了青春期，體內的男性荷爾蒙「睪固酮」就會開始作怪，平均每30分鐘，腦中就會閃過一次與性有關的念頭。男人和女人除了生理構造不一樣，大腦想的事情也不太一樣，比起女人，男人的性慾的確比較旺盛，大部分男人常常想到性，而且不分年齡，甚至有一半以上的男人一天想到性的次數還不只一次。這有可能是因為男人比女人更在意自己的小弟吃飽了沒有，而這樣的性慾來得快也去得快。

## ❷ 視覺受到刺激引發

男人只要視覺受到刺激，就可以馬上與性慾連結，快速產生性衝動。男人的性慾受到視覺刺激的影響、女人的性慾受到許多不同因素的影響。只要是人，難免都會有幻想的時候，只是男人和女人對性愛的想像不一樣，男人傾向肉體上的性幻想，而女人傾向情感上的浪漫幻想；在性需求上，女人重質、男人重量，男人重視性愛的次數、女人重視性愛的品質，這也可以解釋男女在看A片的時候，為什麼女人始終停留在前面的劇情，而男人必須要直奔到抽插運動的主題。

## ❸ 男人看A片的心態就好比女人追韓劇

在男人的世界裡，接觸A片或色情刊物，是再也正常不過的行為，反而沒有過類似的經驗是一件落伍的事情。其實，男人看A片就好比女人看韓劇；女人深陷小說中、在韓劇裡，彷彿自己是女主角，享受在愛情裡的浪漫，滿足對愛情的幻想，男人則在A片的世界裡，獲得視覺的刺激，好像自己就是擁有三千佳麗後宮的皇帝。每次看到喜歡的AV女優出了新作品就會想看，男人追A片的進度就像是女人追韓劇一樣，女人追劇都可以瘋狂到幾天幾夜不眠不休，相較起來，男人看一下新片好像也是合情合理。

## ❹ 純粹就是懶

曾經有個案跟我說：「你不知道看A片自慰有多簡單，想跟老婆做個愛，必須從起床就開始營造氣氛，還要避免爭吵，最好再來場浪漫的電影與燭光晚餐，但自己來只需要五分鐘就可以解決當下的生理需求。」有些女人很在意男人看A片的點在於「他有了我，為什麼還要看別人（這個別人指的是所有男人的共同女友——AV女優），這樣讓我覺得受到侮辱，而且有種被劈腿的感覺。」其實女人可以不用這麼想，對男人來說，「與心愛的女人做愛」和「看A片自慰」就好比吃「大餐」和「泡麵」。有時候可以等上一整天，只為了一客上等的牛排大餐，但是在偶爾嘴饞或餓到發慌的時候，隨便泡個麵止飢，便可獲得暫時的滿足。

## ❺ 精神糧食

男人看A片的理由很多，包括「無聊」與「習慣」。曾經有個案告訴我：「因為無聊想打發時間就看一下（A片），既然都看了，就會想要弄（自慰）一下。」也有個案說：「從年輕的時候就開始看A片，一下要我完全不能看，簡直要了我的命。」只要男人看A片的頻率不會造成生活上的困擾或影響兩個人之間的相處，我想就讓他偶爾看個一兩次，應該也無傷大雅。研究顯示，男人看A片自慰的比例幾乎是女人的兩倍，而自慰更不是單身男子的專用權，就算是已婚人士也有超過一半的男人承認仍有看A片自慰的情形。

## ❻滿足性幻想

有些比較沒有想像力的男人，因為長期與同一個枕邊人相處的熟悉度，減弱了對性的刺激感，此時男人便需要一點幻想空間，這時候看著A片裡的女主角幻想一下情境，跟老婆的房事也會有更多熱情，畢竟每天吃牛排也是會膩的呀！這時候，女人不妨換個打扮或約老公外出，改變一下做愛的地點，這也是增加兩人性生活新鮮感的好方法。

## ❼不會被拒絕

因為男人不想常常被伴侶拒絕，所以漸漸習慣自己來就好。有個案說：「我每次跟我老婆要都被拒絕，她要嘛就是不想，不然就是想睡覺，久了我都不想問了，自己來還比較快。」男人會將伴侶對性的拒絕，視為妳對他的否定，為了避免遭受否定，就乾脆不提出邀請，到後來就變成只好以自慰解決生理需求就好。

我希望女人們知道「男人看A片與愛不愛妳是沒有關係的」。根據研究顯示，相較於女人，男人更重視性滿足，當一個男人的性滿足感越高，對一段關係的滿意度也會越高，同時也會更願意給予對方承諾，以及更愛他的伴侶。下次，當妳不小心發現你的老公或男朋友躲在房間裡偷看A片的時候，妳只需要默默關上門、優雅的轉身，等待老公看完A片獲得性滿足後，好好的享受老公帶來更多的呵護與愛。也許在性慾上，女人的確少於男人，基於尊重彼此，當女人不想被迫進行性行為的時候，也就得接受男人需要藉由看A片來解決暫時的生理需求吧！

PLUS

## 給愛看A片的男人的忠告

當男人過度沉迷於A片，會產生過度依賴自慰的情形。因為在自慰的時候，陰莖與自己的手接觸的壓力與摩擦度可以控制在喜好之內，與放入陰道的感覺不盡相同，有可能導致男人在與伴侶行房的時候，發生無法射精的情形。另外，A片畢竟是演出來的，A片的內容有90％都不會在正常的性生活中發生；有的男人過度追求影片中的性刺激感，反而無法接受真實的正常性愛，最後只能沉浸在A片的虛擬世界裡。A片中誇張的性刺激，也會讓男人不小心忽略了與伴侶間親密的互動，有些人會跳過接吻、愛撫或眼神對視，直接進入抽插運動，這樣很容易讓做愛變成有SOP的性行為而已。

11

# 做愛的時間越久越猛，姿勢換越多越厲害？

#A片裡只有誇張的演技

**A片裡沒有美好的性愛概念，那什麼是完整的性愛？**

男人自小受到A片的影響，大部分的人總以為性愛的時間越長越好，這樣的言論與觀念，不僅給了男人無形的壓力，也為女人帶來了許多不必要的困擾。

對男人來說，性愛的持續時間似乎與男人魅力成正比，時間越久代表越有魅力，但是事實上，並非如此。請你想想看，當你在健身房運動的時候，要求你能夠堅持運動一段時間，我相信對大部分的人來說，這已經是一件不容易的事，更何況是不間斷地持續一個高強度的腰臀運動。除了男人自己無法承受之外，其實對女人來說也是一件頗有負擔的事。別忘了，這是兩人的親密時光，可不是在破金氏世界紀錄。

在研究上的確有數據顯示，關於做愛時間長短的標準，大約在10分鐘左右是最好的（不包括前戲和後戲）。我在這裡得告訴你們一個事實，也許「一夜七分男」比一夜七次郎更能貼切描述一個男人的狀況。從男人將陰莖放入陰道到射精，平均時間大約5至9分鐘，真的能持續十幾分鐘甚至一個小時的男人是少之又少。

**性能力強弱的真正體現，應該在於男人是否能收放自如地控制射精，而非一味使用時間長短來衡量。**

事實上，做愛時間過長不僅會對男人生殖器官造成傷害，也可能是射精障礙的一種表現，也會對女人造成身心的負擔。女人享受的是幸福的親密感，不是男人抽插的時間長短；美好的性生活不取決於性愛時間長短，而在於兩個人心的距離。

一個美好的性愛過程沒有特定的時間與標準步驟，整個性愛的過程，全長以不超過20分鐘為原則，這是加上前戲和後戲的時間。大多數的人前戲不足3分鐘，甚至略過前戲直接進入抽插運動，請不要把男人看的A片步驟直接反映在真實的男女性愛上。也許這就是火星男人與水星女人間的大不同，對男人來說只要「視覺刺激與抽動頻率」就可以喚醒性慾、達到高潮，但對女人來說，足夠的「信任與親密感」才是啟動高潮的關鍵。

若真的要以滿足自己為重，我相信，躲在屬於自己的私密空間，利用A片、性感雜誌或憑空幻想，並藉由自慰來獲得的滿足感，絕對會大過和伴侶做愛。既不用擔心上演時間長度、內容精彩度，還能免於滿身汗的高強度腰臀運動。

我相信會在乎對方有沒有達到高潮的男人，也會希望對方在性愛過程中能夠獲得自己給予的滿足感。除了展現在乎伴侶的心意之外，其實這也是一種希望自己的性能力被肯定的期待。

一個女人要達到高潮本來就不是一件簡單的事，連女人自慰也是需要一段時間才會達到高潮，甚至有些人一輩子都沒享受過高潮。我認為，沒有不喜歡性愛的人，只有沒享受過高潮而誤會自己不喜歡性愛的人。再者，達到高潮，除了要有技巧的輕柔撫摸女性身體各處及敏感帶之外，你也必須啟動讓女人更容易高潮的開關：「催產素**Oxytocin**的分泌」。那麼，要怎麼讓你心愛的另一半可以在對的時間點分泌神奇的催產素呢？答案就是「親密感」。

你有沒有發現，在戀愛一開始，尤其前三個月的熱戀期，那個時候的彼此，每天只想見到對方、望著天空也會發笑。只要一見到面，便會像偶像劇般地衝向彼此、手緊緊牽著、腳慢慢勾著，接著就完成了一段又一段完美且令人回味的性愛，那就是催產素反應最活躍的時候了。只是交往時間一久，隨著愛情賀爾蒙的退潮，情人眼裡的西施漸漸變成東施；原本大如太陽的優點變成滿佈星空的缺點；兩個想要一直膩在一起的人，開始需要個人的獨立空間，兩人之間的性愛開始出現了大大小小的問題。接著，你便有了「是不是自己不夠持久，所以對方在性愛中都無法獲得滿足」的迷思。

**人類的性行為之所以與生物的交配不同，是因為人與人之間的性是帶有愛的意識的親密感。**

要怎樣才能讓女人在做愛的時候感受到濃厚的親密感呢？答案就是「性愛的前戲與情感的交流」，男人在這個時候也會同時更增加對彼此的慾望。相信我，這時的性慾和單純想單刀直入的性衝動是不一樣的；這和吃大餐的順序類似，在吃到牛排之前，餐廳的氣氛、音樂與燈光的營造、服務的態度和美味的前菜，無一不影響著我們來吃大餐的心情。在品嘗完外酥內軟又多汁的牛排後，再來一盤解膩的甜點，這令人滿足的過程，絕對沒有人不期待下一次的光臨，對吧！

一個好的「前戲」應該要滿足人的視覺、觸覺、嗅覺、聽覺四大需求，氣氛的營造，包含了香味與視覺刺激、挑逗的話，以及呼吸接觸。兩人之間不必過於拘泥形式，對大部分的人來說，大概都以為只有生殖器才是性器官。其實，每個人身體上的任何部位都可能透過觸碰達到性遐想，從髮絲、臉頰、鼻尖、舌頭、乳頭、生殖器到腳趾尖都是性器官的一部分。

下一次，當你和另一半做愛時，記得先來點前戲，善用生殖器以外的部位，和另一半透過搔動、輕咬、打情罵俏，或兩人喜歡的情趣互動（精油泡澡或情趣按摩），讓彼此都能放鬆。當另一半情不自禁的時候，也就是小弟登場的好時機了。

很多人問我這種過程有沒有SOP可以讓他們參考，我的回答是：兩個人之間的性愛，重要的絕對不是研究的數據、專家的建議或是標準的程序，而是彼此是否都盡興，只要沒有人被迫，兩個人喜歡怎樣的方式都好，只是如果男人在前戲的時候，能充分挑起女方的性慾，雙方的高潮都會來得更完整。

另外，女人最有失落感的時候，就是在男人射精完的那一剎那，不是倒頭就睡就是瞬間轉成聖人模式，不發一語、逕自發呆。做完愛，如果能給對方一個簡單的擁抱，感謝對方帶給自己如此美妙的時刻，為你們的性愛畫上完美的句點，不僅可以讓對方留下美好的記憶，也多了對未來的期待，同時也是為你們下一次的親熱做暖身。

性愛不是僅僅達到高潮就好，而是彼此之間有種被愛拉得更緊的感覺。好的性生活不取決於性愛時間長短，而是在於兩人心的距離。心靠近一點，身體也會更自在一點，多一些性愛前的親密，加上一點結束後的溫存，帶來的滿足感絕對勝過長時間的性愛馬拉松。

# 12 什麼是真愛的表現？

#他是愛，上我；還是愛上，我？

**花若盛開，蝴蝶自來；人若精彩，天自安排。在感情中當個盛開的花朵吸引蝴蝶，好過布下天羅地網的蜘蛛，強求得不到的愛情。**

常有個案問我：「我都跟他上床了，不就是他女朋友了嗎？」每個女人都在等待白馬王子，一次又一次的用身體證實這是我的愛情，無奈換來的不是預期中的確認，而是現實中的傷害。

要怎麼知道男人是「愛」上一個女人還是愛「上」一個女人？其實，這沒有標準答案，行為的表現只代表一個人的認知，無法確定他是否真的愛你。真正的愛，需要用心才感受得到，如同小王子說的：「真正重要的東西，用眼睛是看不到的。」當他愛上妳的時候，我相信妳絕對知道。若妳到現在還不確定他到底愛不愛妳，只有兩種可能：一、你不相信自己有被愛上的價值，二、他其實沒那麼愛你。

男人在談戀愛的時候，很少會像女人一樣會以結婚為目標，有些男人會抱著試試看的態度與女人交往，即使一開始就知道這個女人不是自己想要的對象，還是會和她繼續交往，有可能是騎驢找馬，也有可能是抱著沒魚蝦也好的心態。男人天生是個狩獵者，不會因為追捕到一個獵物而收手，他眼裡望的、追趕的永遠是那個未獵捕到的生物，管他是小白兔還是大野狼。所以，若妳想到得到他的愛，千萬不要急於獻身，時間會考驗一個男人對愛情的耐性。

## 如何分辨男人是「愛」上妳，還是愛「上」妳？

請當那個讓他永遠想追的獵物。以下6點可供大家判斷：

### ❶不要與約會對象有了性關係，就私自認定自己是他的女朋友

尤其在現在這個相對開放的社會，即使有穩定的性關係，充其量也只能說是炮友。

有些女人覺得「他是因為愛我，才會想和我做愛的吧？」但事實上，對男人而言，能與自己心愛的人做愛是最好的情況，雖然不愛妳，但他也可以做，只是做的當下，心裡感受不同罷了。

## ❷ 不要只相信他嘴裡的承諾，更要好好感受他實際的付出

即使男人跟妳說「我會愛妳到天長地久」、「妳是我的唯一」或「我真的好想妳」，也不要傻傻地覺得這就是他對妳的承諾。有一種可能是「我（期待）會愛妳到天長地久」、「妳（將會）是我的唯一」或「我真的好想（上）妳」，不能說男人說謊，只能說他預支了妳對未來的期望。最好的方式就是，妳不需要否定他對妳的感覺，畢竟他沒有騙妳，只需要好好享受他當下對妳的示愛就好，這些話的時間性就是當下，而非永恆。但是，當一個男人不愛妳的時候，以上這些話都只代表一個意思，就是「我想和妳做愛」。

## ❸ 不能因為進入一段穩定的感情關係，就忘了當初那個最美好的自己

很多女人在談戀愛之後，對方就變成了自己的全世界，一切都以對方為主，所有

的生活都繞著他轉，繞到後來都忘了自己是誰。請妳記得，他會愛上妳就是愛最初的那個妳，當你慢慢為了成全對方而失去自己的時候，他也會慢慢忘了愛妳。不管有沒有進入一段關係，女人活著就該一直追求自己想做的事，原地踏步不僅沒進步，還代表著退步。

## ❹ 女人不能當黃臉婆，但也不要只當個僅供觀賞的花瓶

外表固然重要，但絕對不是男人想和妳長期交往的必要條件。一個有姣好面貌與曼妙身材的女人，也許可以在第一時間吸引住男人的眼光，但隨著熱戀期過去、賀爾蒙消退，只有良善的個性與充實的內在才是讓男人決定是否與你共度下半生的必要條件。這也可以解釋許多被老公外遇的正宮共同的疑問：「為什麼小三條件比我差，長得比我醜，卻讓我老公為之著迷。」

## ❺ 不要怕拒絕

曾經有個個案在和我談論到現在的感情關係時，說：「我不知道為什麼，以前我和女生曖昧，一心只想上床，但是遇到現在這個對象，我會想讓她感受到被重視，反

而會怕她覺得我隨便，導致我到現在還不敢跟她上床。」我的回答則是：「我想，你愛上她了。」

男人戀愛的目的性很強，自己和對方的交往是因為性還是因為愛，他們自己清楚得很；如果是性，他絕對會在最短的時間內想辦法得逞。相反地，當他愛上了一個女人，他會不計較得失，不急著占有，有的男人反而會怕如果自己做了什麼踰矩的事，是不是會讓對方感受不好。

所以，當對方和妳求愛的時候，如果妳覺得當下氣氛不對，感覺不自在，甚至一點慾望都沒有，請大膽拒絕，讓對方知道妳有絕對的性自主是非常重要的；當妳也想和對方有性行為的時候，也請記得「妳想做愛，只是因為妳想做，而不是為了取悅他。」有些女生會害怕地說：「我如果拒絕了，他會不會不愛我，我怕他會去找別人做！」請妳放心，絕對不會。如果他真的愛妳，絕對會等妳，甚至在乎你的感受大過自己想要，如果他不愛妳，也請在這個時候看清現實，趁早離開。

## ❻ 不要只在意「做了沒」，更該在意的是做愛的過程

如果是真心愛妳的男人，即使在床上也會盡力取悅你，他們會隨時觀察你的臉色

與表情，在意「妳舒服嗎？」勝過「我射了沒？」如果男人只是為了滿足自己的性需求，有的人甚至會略過接吻擁抱等前戲，以單刀直入來解決這回合。兩個情況都是「做了」，但前者是做愛，後者是洩慾。所以，請妳好好的享受性愛的過程，我相信妳會在這個過程中，慢慢感受他是「愛」上妳還是愛「上」妳。

當個案問我：「博士，妳覺得他這樣是真的愛我嗎？」我不會也不喜歡用一張Checklist讓個案勾選伴侶有做到以及沒做到的事項，來代表她的伴侶有沒有真的愛她。每個人都有過愛人的經驗，我相信當你愛上一個人的時候，反而說不出愛的原因，只知道自己好愛，管它對方是圓是扁，就是有說不出的理由讓妳愛他。所以，我的回答總是：「妳自己的感受呢？如果妳感覺得到愛，那就是愛，儘管身邊的人覺得他沒有足夠的經濟條件或其他看得到的客觀條件；如果你感受不到，就算他家財萬貫、背景雄厚、權勢大、地位高、名符其實的高富帥、人人口中的貼心暖男，我也不會鼓勵妳繼續下去。」

對我來說，愛的意境很深，深到無法用具體的文字定義或訂定一個標準。妳只需要好好愛自己、好好生活，讓自己過得充實、過得開心，不斷追求自我，努力當一個有自信、有想法、勇敢、具同理心的溫暖女人，我相信在不久的未來，妳的心會告訴妳他是愛「上」你，還是「愛」上妳。

13

# 男人真的可以性愛分離？

#沒有愛，可以性？

**當男人深愛一個女人的時候，性愛分離這件事就不存在。**

「我發現跟男朋友吵架的那段時間，他跟一個曾經曖昧過的女生有聯絡。」小琪落寞地看著我繼續說：「但我男朋友說他根本不愛她，只是當時我們在吵架，他想找個人訴苦，剛好那個女生找上他……」

「所以？」我放下正在喝水的杯子。

「所以他訴苦了，也上床了。他跟我承認他們發生了關係，我當下根本不能接受，只想分手。」小琪瀕臨爆發的情緒，又突然溫和了起來：「但是他一直跟我說，他跟她只有上床完全沒有感情，他說他愛的是我，只是當下很生氣，想發洩而已。」

「然後？」我接著問。

「然後，我就原諒他了。」小琪帶有不甘，卻又屈服地低頭說著：「因為我想到大家都說男人可以性愛分離，所以我想說可能是真的。」

「嗯，我了解了。」我點點頭，正要開口之際，小琪突然抬起頭大聲說道：「但男人可以性愛分離是真的嗎？」

「男人可以性愛分離是真的，但當他深愛一個人的時候，就不可能發生『我身體上的是她，但我心裡愛的是妳』這件事。」我明知她想聽的回答不是這個，我仍選擇說了實話。

「可是我真的感覺到他愛我啊！」小琪激動地為自己的愛辯駁著，用她求救的眼神望著我，期待著我的肯定，好讓她安心。

「嗯，我剛剛說的是當他『深愛』一個人的時候，性愛分離不會發生，但我沒說他不愛妳。」我強調了「深愛」這兩個字，接著說：「只是，他沒你想像中的愛妳。」

小琪低下了頭說：「是喔！」

「嗯！」我很肯定地回答了她。

很多人都覺得男人可以性愛分離，就好像耳邊常常聽到的故事一般，「鄰居阿姨的老公外遇了，因為他犯了一個全天下男人都會犯的錯，所以鄰居阿姨就相信老公就真的只是犯了一個小弟弟不聽話的錯而已。」

生理上的結構不一樣，造成男女對性的要求不同，甚至有些研究已經證實「男人可以性愛分離」。加上自古以來，生物界的雄性動物大多就是一夫多妻，所以男人喜歡把這樣的現象歸為生物本能，用大自然的說法，來合理化自己無法在肉體上忠於伴侶的行為，也造就了大部分的人深信這樣的說法。更在某知名男星外遇後說了：「我犯了一個全天下男人都會犯的錯！」之後，好像這樣的錯就不是錯了，因為每個人都會。

有男人承認過：「我可以分辨誰是真愛，誰只是玩玩。」我相信只要是人都可以分辨誰是自己的真愛，誰只是自己玩玩的對象，但我更相信，這只是男人合理化自己不忠貞的說法而已。

某些男人習慣用征服女人來肯定自己，有的男人以不斷外遇或曖昧的方式展現魅力，有的男人則不斷換女伴表現瀟灑，並且用似是而非的說法催眠自己及伴侶，這只是天性，是展現雄風的一種方式。習慣用這種方式證明自己的人，大多是自我認同不夠，因為沒有辦法相信自己的價值，只好用外在的行為表現肯定自己。只是你會發現，存在內心的黑洞，並不會因為換了幾個伴侶就被填滿，這個黑洞只會越補越大，越玩越烈，玩到後來甚至失去了自己相信愛情的能力。

另一方面，聲稱自己可以性愛分離的男人常說：「我沒有想要出軌的意圖，只是我真的在她(元配)身上無法獲得滿足。」這擺明是挖東牆補西牆，拿和別人造就的「性福」，彌補現階段關係的「不性」，事實則是：一、你懶得經營感情，讓兩個人之間的關係無法一直處於能讓你有衝動的狀態，二、你無法面對自己在感情裡的缺憾，又或者你不敢大膽追求自己所想要的，只好選擇身體出軌的方式，維持還過得去的感情。

我的確相信男人可以性愛分離，但前提是「在他還沒深愛任何人之前」。人與動物最大的不同，就在於人有靈性、有道德感、有自制力，可以分辨是非；就連合法擁有後宮三千的皇帝在愛上一個女人的時候，當下寵幸的也只有那一個他愛的人，不是嗎？

我認為，性愛分離只是一個選擇後的結果，並非誰的天性，更不是生物本能造就的自然而然。只要是人，一旦愛上了，根本沒有多的心思和別人上床，你回想你熱戀的時候，眼裡哪容得下別人。所以，如果你再問我一次：「他有沒有可能和別人上床，但心裡只愛我？」我還是會很肯定地告訴你：「有可能，但他其實沒那麼愛你，也許這份感情連愛都還稱不上。」

# 14 是男人就該一夜七次？

## #表現很猛，是折磨還是歡愉？

「一夜七次郎」是民間用來形容性能力很強的男人，甚至男人之間常會以「次數」來代表一個男人的勇猛雄風。在這個章節，我想與各位澄清「次數的迷思」，第一，一夜七次郎到底存不存在？第二，到底一夜要幾次才夠？

### 「一夜七次郎」到底存不存在？

在前面的章節已經讓大家知道「高潮不等於射精」，不知道大家有沒有接受到一個訊息，「高潮是可以一直產生不減的，但射精量卻會隨著短時間內的次數增加而減少」，所以這個問題包含了「一夜高潮七次」或「一夜射精七次」。

## ❶ 一夜射精七次

男人在射精之後會有一段消退期與不反應期，一定要等不反應期過了，才有辦法再來第二次。不反應期短則五至十分鐘，長可達一整個晚上，甚至一兩天以上，這取決於男人的身體狀況與年齡，當然越年輕的人不反應期越短，所以「一夜射精七次」是很難達到的任務，當然也不是完全不可能，只是短時間之內，反覆激烈性行為，不但肌肉容易疲累，龜頭也容易發炎、腫脹，在儲精囊不斷收縮的情況下，還可能引發「血精」的現象。

精液一次儲存的量，最多讓男人在極短的時間內使用三次，雖然男人的精子在一生中都會不停的被製造，但製造的時間與速度是有限的，不可能像打開水龍頭一樣，要多少有多少。到了第三次或三次以上，因為製造量和射出量無法達到平衡，精液和精蟲量都會銳減，射到後來幾乎已經射不出東西，就像擠牙膏，用到後面即使費很大力氣也只能擠出一點點，甚至擠不出東西。這個時候，就算你的體能夠好、勃起功能再強，空有射精感也不會比較爽，不僅愉悅感下降，還有強烈的不適感，所以一夜射精七次不會發生在一個「正常健康」的男人身上。

## ❷ 一夜高潮七次

在不射精的情況下，高潮的確可以有很多次，有些男人在高潮之際，利用肌肉緊縮的方式不射精，因為沒有射精，就不會有消退期，更沒有消退後的不反應期，所以男人也可以像女人一樣享有連續性或所謂「多重性高潮」。

## 一夜到底要幾次才夠？

每個人的年齡與身體狀況不一樣，一天能做的次數都不一樣，隨著年齡增長，除了不反應期越來越長（謎之音：別再肖想一個晚上射精好幾次），你會發現為什麼才剛過30歲，雖然對性還是有興趣，但好像不再像年輕的時候一樣有那麼頻繁的次數，甚至有的女人還因為這樣的誤解懷疑老公是不是有外遇。

大部分男人，會將性生活的頻率「次數」作為自己「性功能」的指標，所以當性慾隨著年齡降低時，就懷疑自己是不是「不行了！」這個時候，越是勉強自己，心理壓力越大，越會得到反效果。這樣的惡性循環，就算原本沒事也會漸漸變得不正常。

其實，這些都跟男性賀爾蒙有關，男性18至25歲是性能力最旺盛的時期，直到30

歲達到高峰，男人一旦過了30歲之後，賀爾蒙便開始下降，這種情況，通常男人不太在意，往往覺得已經是老夫老妻，新鮮感降低是正常的。但排除掉老夫老妻的因素，你仔細想想，是不是年過三十的自己，慾望也不像年輕一樣，一個晚上兩三次完全不是問題。

等到年紀再大一點，男人對性的慾望會更減少，慾望如果無法達成，不需要為了面子硬撐，更不需要為了滿足自己在次數上的執著而使用藥物。當你習慣使用藥物獲得生理上的滿足時，在心理上你已經悄悄地依賴上藥物，會有一種好像沒有吃藥就無法做愛的錯覺。相對的，如果這時候你把每次性愛的時間間隔拉長，依個人狀況調整到兩到三天再一次，反而在精力與精液都充足的情況下，也累積了更多對彼此的情愫與新鮮感，在兩人接觸時更可以完全引發期待已久的纏綿。

沒有規定合理的射精次數，除了追隨自己的性慾之外，可以觀察自己當天的身體狀況、勃起功能還有性愛伴侶的需求評估，一般建議男人最好一個禮拜可以射精兩次以上，如果伴侶沒有辦法配合，也可以選擇用自慰的方式排出過多的精液。研究指出，如果沒有適時排空，精液會越來越濃稠，可能會引起攝護腺發炎和增加罹患攝護腺癌的機率，雖然有時候身體會透過夢遺的方式排出過多的精液，但並非每個人都會如此。

「一夜七次郎」對男人和女人來說都是身體與心理上的折磨，幾乎沒有好處，反而是一大負擔，甚至是痛苦的事。對女人來說，做愛過程的感受絕對勝於男人射精次數的濫竽充數，加上三十歲之後的男人，除了年齡帶來的影響之外，生活與工作壓力等因素多少都會影響性愛的意願，在身體反應和性慾方面都會發生改變。此時，對性的需求不該再著重於次數，更該重視每一次性生活的過程與感受。與其追求次數的滿足，還不如讓雙方在個人對性愛的喜好、前戲、姿勢等獲得共識，保持健康的生活方式，維持與另一半的交流與溝通。我相信透過這樣的轉變，你會獲得更深層次的性福經驗。

PART 2

# 非關道德

#談兩人的性福、爭執與不信任，以及純性和無性的愛情關係，還有解開同性愛的疑惑。

# CH.3 兩人的性福

## 1 性福金手指

#用手指做，一樣愛

「到底（做愛）能不能用手指？」

「可以啊！」

「為什麼女生都說她不喜歡，說我弄的時候會痛、會不舒服？」

「那是因為你用錯方法了！」

很多人以為只有插入陰莖才會讓女人高潮，其實女人達到非陰道高潮的比例大過於陰道內高潮，所以男人們別再以為只有插入才能讓女人滿足，這樣就太大錯特錯了啦！

陰蒂是女人很重要的性敏感帶，陰蒂很容易興奮，卻也柔嫩脆弱，太用力會痛、太尖銳的刺激也不舒服，研究顯示，幾乎每個女人都能從陰蒂獲得高潮，特別是當你使用女人喜歡的方式進行的時候。所以，男人在顧及小弟性功能的同時，記得也要維持自己的「指愛」能力，用對的方式指愛，可以讓伴侶放鬆，獲得更好的性愛；用錯的方式指愛，只會換來更多拒絕。

當你在觸摸女人的陰部時，尤其是陰蒂，請用「指腹」（手指的肉墊處）輕輕地以原地畫圓的方式按摩。請一定要「輕輕地」，在你輕輕地按摩後，你漸漸可以感受到陰蒂的變化，此時再慢慢加大按摩的範圍與速度，記得！絕對不是用「指尖」觸碰女人的私處，更不是像A片裡的男優那樣，極速且大力地搓揉，好像越快越大力，女人的高潮就會來的越快越興奮，我百分之百保證那絕對只是戲劇效果而已。女人絕・對・不・會！因為你搓得很大力而感受到高潮，只會想賞你一巴掌而已！

另外，有些人在做愛時，怕對方發生「陰道痙攣」的情形（簡單講就是怕陰莖放不進去），會用手指先行進入試探。在臨床上，這的確是一個幫助對方（心情或陰道）放鬆的方法，但是此時不是只有用手指就好，伴侶的心理支持和溫柔的態度也是非常重要的。

PLUS
## 小博士衛教大知識

**陰道痙攣**

「痙攣」就像腳抽筋一樣，有些女人只要想到等一下會有東西要放入陰道（陰莖或內診用的鴨嘴）就會開始緊張、害怕、焦慮，然後陰道就會開始不自主地收縮，此時就會發生陰道痙攣的情形。

很多男人以為指愛就是把手指放進去隨便摳挖一通就好，通常這時換來的都是伴侶因為覺得太痛、刺刺的，感到不舒服而拒絕你。其實，手指放進去的「速度」和「手指的模樣」才是重點，如果你的指甲沒有修剪整齊，當手指放進一個脆弱的地方，陰道黏膜會因此造成刮傷。你下次可以試試看在沒有修剪指甲的情況下，或者有咬指甲習慣的人，在咬完指甲，當指甲還刺刺的時候，伸進自己的鼻孔亂挖看看，鼻孔也是充滿黏膜的地方，我相信你感受到的也是一股「刺刺的、痛痛的」，甚至有的還會出現「血絲」，這絕對不是舒服的感覺。

## 指愛的方法

在你把手指放入陰道之前，請從放入1根手指（最好是食指）開始，手指在陰道中緩緩地左右晃動、上下移動，將陰道慢慢撐開，讓陰道擴張，請不要把你的手指快速在陰道內插入又抽出。當你的伴侶是舒服的、慢慢放鬆的情況下，再慢慢放入第2根手指頭（中指），一樣是慢慢的、溫柔的上下左右輕輕地擴張陰道。其實一般來說，能放入2根手指頭就差不多是亞洲男人陰莖的平均大小，不用再繼續嘗試放入更多手指，這樣不僅不會比較舒服，也有可能當小弟實際上陣時，伴侶的感受會一下太過失落。練習的時候若能使用潤滑液幫助加強陰道的滋潤度，這會讓你心愛的她更舒服。

無論是手指的模樣、速度或是放進陰道之後的擴張程度，都必須小心翼翼，切記！一切從輕、柔、慢開始，不然當對方下體受傷的時候，你得到的不會是她的飄飄欲仙，而是天外飛來的一巴掌或被告性侵而已。在指愛之前，有幾個注意要點，能讓雙方在無後顧之憂的情況下享受性愛帶來的情趣和高潮。

## 指愛時的注意事項

①指甲縫隙內容易藏汙納垢，請各位在指愛前，記得要把你的指甲清理乾淨，避免在晚間或下午剪指甲，因為剛剪好的指甲會刺，剛剪完若能磨過就可以避免指甲刺刺的，也比較不會傷到伴侶的外陰部（尤其陰蒂）或陰道內黏膜。

②為了避免對方私密處發生細菌感染的情況，各位在指愛之前請確實洗手，不是用水沖一沖就好，請將手沾水，肥皂搓到出泡後，好好地清洗手指頭，尤其指尖處。我相信，大家經過這次新冠肺炎的疫情，已經知道「內外夾弓大立腕」的洗手步驟，

其中「立」就是此時最需要做好的部分（將右手指立在左手掌上畫圓的方式清潔右手指尖，同樣再將左手指立在右手掌上清潔左手指尖）。

③摸過對方私密處的手，就不要再碰觸自己的小弟，以免在已感染的情況下，發生交互感染的情形（女同志性愛時，若用手指進入對方的陰道內，接著又摸自己的私處，在彼此互親、互舔的狀況下，很容易將病菌帶入性器官，導致交互傳染）。

④手指插入時（無論是性愛前戲或女性自慰時），不慎造成內外陰部黏膜受傷，此時若接著再口交，經由唾液接觸可能會發生經由血液傳染的疾病（愛滋病、梅毒、B肝炎和C肝炎等）。雖然發生的機率不高，但我還是建議，在指愛的時候可以使用「指險套」（手指專用的保險套），用指險套不但可以避免感染，也可避免因為手指皮膚太粗刮破女性私處的問題，做好防護措施更能安心的享受性愛。

性能獲得心理與生理的滿足，好的性愛更能增加彼此之間的親密感，無論透過什麼姿勢或方法達到性交高潮，最重要的是能在安心的情況下進行。除了生理上的清潔，平時能有效溝通、培養情感，放鬆心情，才是讓生活更為性福美滿的王道。

2

# 口愛帶來的性福

## #為愛開金口，無聲的我愛你

**口交的背後，我看到的是男女之間的信任與無私，除了性上面的享受之外，我更感受到雙方在關係內的緊密結合與幸福感。**

口交在亞洲社會裡，似乎還是一件相對保守的事情，有的人一聽到「口交」就害羞，巴不得當下聽不懂中文；有的人發自內心的痛恨，一聽到的反應就是「矮額，髒死了！」有的人則是眼中冒愛心的享受在其中，呈現一種讓心愛男人飄飄欲仙的優越幸福感。

大部分的人和自己的伴侶都會有性行為，但不見得每個人都嘗試過口交，無論男幫女或女幫男。研究顯示，口交對伴侶的親密關係具有一定的正面影響；就我的觀察，口交通常出現在有對價關係的男女，或者有深度信任的伴侶身上，呈現一種非黑即白的有趣現象。口交是一種比性交更為親密的行為，需要很多的努力和信任，才有可能自然且快樂地發生。

幾乎所有的男人都喜歡口交，甚至有的個案曾經告訴我：「我愛死我老婆的嘴，老婆的嘴反而比陰道更有吸引力。」

為什麼男人那麼喜歡口交？可以同時有女人的視覺刺激，可以不用耗費跑百米的體力，還可以有性交的快感，就只有口交辦得到，能錢多事少離家近，誰會不愛？更何況嘴巴還有一種優於陰道的吸力，那種快感我想只有身為男人可以感受的了。

除了以上的原因，有些人享受口交，是因為在被伴侶口交的時候，有一種看著對方為自己犧牲奉獻的征服感，沒有什麼姿勢可以比雙膝下跪更能展現臣服了。當然，這也顯示出伴侶對彼此之間的信任程度，一個人必須足夠相信在口交的過程中或結束後，妳的伴侶不會將妳視為奴婢般對待，才有勇氣讓自己雙膝下跪，用渴望的眼神將你的陰莖放入口中。另一個人也必須相信對方將自己的陰莖放入口中時，不會同時咬斷小弟或捏爆蛋蛋，有一種我願意幫你口交，你就用你的蛋蛋打賭的破釜沉舟感。

## 口交是男女都可互動的性行為

就生理結構而言，口交比性交更能感受高潮。口腔的柔軟搭上舌頭的靈活，不但對陰莖（尤其冠狀溝與陰莖根部）和睪丸造成強大的刺激，對某些有性功能障礙的人來說無疑是一個解套方法。對女人而言，口交的部位可以從胸部、大腿外側、外陰部到陰道，尤其是陰蒂，都會有同樣明顯的性興奮和快感。國外的調查也顯示，有口交經歷的女人感到婚姻美滿的比例，是沒有口交經歷女人的兩倍。

## 口交不骯髒

有的人不喜歡伴侶私處的味道，有的人則認為嘴巴是用來吃東西，不該用來含陰莖，這樣很不衛生，有的人則無法接受自己的嘴巴接觸到精液，以上都是發生口交障礙最常見的原因。其實每個人的私密處都會有味道，只是健康的私密處，味道不會刺鼻或惡臭，所以我們平常更需要做好清潔（詳見第一部，男女各自的私密處清潔章節），如果你會介意對方的味道卻又期待且享受口交的人，那就把洗鴛鴦浴當作前戲的節奏，也是一個很不錯的選擇，既有禮貌又有情趣。

有些人會將口交聯想到不衛生，我想應該是他們把陰莖與排尿聯想在一起了。其實，我們口腔內的細菌比私密處的還要多，所以除了私密處的清潔外，「安全性的口交」，以及口交前使用漱口水來增加衛生都是很重要的。另外，有許多人會在對方生殖器上塗抹果醬增加情趣，如果是全程使用保險套的情況下，這樣的確是一個增進互動的好方式，但女性的私密處比較容易感染，我不建議在女性陰道附近塗抹些有的沒的調味料，如果你真的有舔果醬的癖好，那麼就選擇肚臍或恥骨上緣的地方吧！

PLUS

## 小博士衛教大知識

### 安全性的口交

「安全性的口交」指的是男人從勃起後，就在全程使用保險套的情況下進行口交。

詳情請見第 107 頁「怎麼挑選保險套？」章節，教你如何正確使用保險套。

最後，精液中除了少量精子外，大部分的成分主要是由蛋白質組成，還有些許果糖和水分，並不會對身體造成傷害。

男女之間的性愛正因為神祕而具有無限魅力，又因性愛的表現豐富多樣而使人享受，既然性始於人，基於人對原始慾望的渴求，我認為，只要雙方情投意合，兩個人彼此說好對性愛的喜好，那麼其他人就沒有資格去定義是非對錯，更沒有理由去禁止或限制別人追求幸福。

口交一點都不骯髒，能夠為愛開口，我想妳不用抓住他的胃，也已經抓緊他的心了。

# 3 你們的特殊性癖好

## #我的男人每天想做愛，他是不是性成癮？

**都是做愛，一是追求快樂，另一個則是強迫行為；只要是建立在「兩情相悅」與「性後獲得愉悅感」的情況下，都是美好且值得享受的性。**

我常強調人類最原始的慾望莫過於為食慾、睡慾和性慾，這些也是人體健康的指標，但這些原慾若是過多或缺乏，都可能會造成困擾或疾病，例如：厭食症、暴食症、嗜睡症、失眠症、性慾過盛或性慾低下。今天，我們就來談談許多人好奇的「性成癮」。

從過去的柯林頓性醜聞事件、老虎伍茲的婚外情事件，到近期的羅志祥劈腿事件，大眾因為新聞事件的報導，都將上述男人的外遇行為歸為性愛成癮，甚至有些報導還指出他們大多有性癖好。

「難道享受性愛就是成癮？為什麼我朋友都說我們兩個太愛做愛，有性成癮，甚至建議我們去看醫生接受治療。」露比和小凱這麼問我。

「你們在做愛的過程中，有任何一方不舒服或有被強迫的感覺嗎？或者在做完愛有羞愧、自責的感覺？」我反問他們。

「沒有啊！我們都很喜歡。」他們異口同聲的回答我，小凱接著說：「不管哪一方開始挑逗另一個人，都讓我們很享受做愛的過程，做完愛我們會虛脫一下，露比會躺在我懷裡，有時候我們還會聊聊天。」

「那就不是（性成癮）啊！你們也沒有必要就醫。」我肯定的回答了他們一開始的發問。

大眾對於迷戀於性愛的男女，會聲稱他們一定是有性成癮才會如此。對於情侶之間有特殊癖好的性愛過程，便稱他們有性癖好，就像柯林頓與女實習生的外遇，老虎伍茲或羅志祥與多名女子的外遇、劈腿等，也被這麼認為他們一定有性成癮，才會欲求不滿。

這不是教科書，老實說我也不是精神科的專家，我不會在這裡告訴你們怎麼分辨性癖好或性成癮，好去診斷身邊有類似行為的人。

## 性到底會不會成癮？

首先，在醫學上並沒有「性癖好」或「性成癮」的診斷[1]。曾有研究將被診斷為「縱慾障礙」（Hypersexual disorder）的人，與有「酒癮、藥癮、毒癮、賭癮」的人放在一起比較。在縱慾障礙的人身上，並沒有發現他們有類似癮君子們有著大腦內的改變。說簡單一點，就是在「酒癮、藥癮、毒癮、賭癮」的人身上發現，有「癮」的人，大腦會出現某種改變，但在性這塊，人類的大腦並沒有類似的變化。就目前科學研究量看來，性並沒有成癮的現象。但事實上，的確有人有類似成癮的行為發生，所以有的臨床診斷者會把這一類的人歸在縱慾障礙這個診斷裡。

## 到底有沒有正常或不正常的性？

對我來說，性只有健康或不健康，差別在於你是在性的過程中是感受到快樂，還是感受到痛苦；性行為的產生是因為性吸引力，還是因為強迫感。「當你的（性）行為已經開始對生理或心理上造成影響」的時候，就是不健康的性。至於要一天幾次，或性癖好是什麼，我倒不覺得這有一定的數據可以作為依據。充其量，就只是一種「行為」的表現。

若發生在一個單身者身上，只要性行為是在當事者「兩情相悅」的情況下發生，對個人而言，並不會因為做愛完或自慰完「產生負面、自責、罪惡的想法」，而且「不會造成個人痛苦及社會或生活上的損害」。他一天要跟幾個對象做愛、一天要自慰幾次，倒不是我們該考量的。畢竟，每個人對於性滿足的定義與感受不同，我們無法用自身的標準來評斷別人是否有異常的性行為。性需求因人而異，而且次數多寡、頻率也不會一樣，就好像吃飯，有人食量大，吃得多；有人食量少，吃得少。但是食量大、吃得多，不代表就是「成癮」。

不管是柯林頓、老虎伍茲或羅志祥，只要做愛是兩情相悅，而且對他們和性伴侶的生活沒有造成影響的情況下，就「性」來說，我不覺得這是異常的情形。不過就「道德」上來說，無論是外遇或劈腿，都已經造成配偶及固定交往者情感上的傷害，這是道德上的瑕疵，是大眾所無法接受的事情，所以會引發社會大眾的批評。

性成癮，是一個「明知可能導致嚴重後果，卻依舊無法克制自己追求性歡愉的行為，而且在性愛之後並不因此享受，甚至感到焦慮、憂鬱、罪惡與痛苦」的行為。在做愛之後一點都不快樂，這到底是心理上的異常症狀，還是性濫交的藉口？

表現出「性成癮」行為的人，可以說是對外在的誘惑抵抗力較差，在獲取行為上是失控的，但也可能是自欺欺人或一個為自己做出「造成社會觀感不佳」或「錯誤」的行為找的一個藉口罷了。到底真相為何，我想也只有當事人自己心裡最清楚。

社會慣用道德來審判一個人對於性的表現，道德的眼光凌駕一切，但我認為找出病因的根源比道德審判更重要。只有在找出生理、心理上，或是社會導致的根源之後，求醫或是服藥治療才能夠協助他們。

比起歸咎他們有沒有性方面的異常，我倒比較想了解，到底是什麼樣的問題讓他們產生性成癮的行為。性成癮的行為通常來自家庭、心理狀態、成長背景和人際互動的影響，我歸類出可能的原因有：

### ❶童年經驗的創傷導致

當一個人在成長過程中，沒有受到足夠的關注與照護，以致於長大之後透過性關係來滿足被關愛的感覺。

### ❷當作調適心情與逃避現實的方式

這樣的人會在遇到困難或感到不開心的時候，會使用強迫式的性行為滿足性慾，以作為一種抒發負面情緒的方式。或者，他們也會反覆利用性愛紓解壓力，就像有的人會用暴飲暴食或瘋狂購物來當作紓壓的方式一樣。

### ❸用來獲取自信或滿足自尊的方式

有些比較沒有自信或自我認同較低的人，容易將性行為當作是肯定自己的表現。感覺跟越多人上床，自己的魅力就愈大。

### ❹補償過去缺陷的手段

有的人會用性愛來補償或忘卻過去不好的經驗，譬如：曾經被女朋友嘲笑太小，或者年輕的時候不懂做愛被笑，等到比較有經驗後，就開始用性行為來彌補心中的遺憾。

## 當性伴侶慾求不滿時，該如何溝通？

相較於西方人可以很大方的和伴侶討論自己的性需求，亞洲國家的人就偏向於保守；「性」一向來是禁忌的話題，甚至將性與罪惡相連。因此，有些人發現性伴侶有過多的性要求的時候，即便自己不喜歡，也會因不知道該如何開口拒絕而勉強配合，或以全盤接受的方式來滿足對方，導致越來越多人有性事不合的情形發生。

我建議試著和另一半溝通，討論出一個雙方都可以接受的替代方式，不要害怕對方會因為自己的拒絕而不開心或難過，不必強迫自己把不喜歡變成喜歡。因為這樣的情況久了，壓抑會反映在兩性關係的平衡中。我相信，只要誠懇地釋出善意，表達出願意解決、滿足對方需求的心，基本上都能達到良好的溝通和解決。也許當下真的很難開口與對方溝通，但這是唯一讓對方了解自己且獲得彼此滿足最快的方式。

性與不性都令人煩惱，只有找出根源，才有辦法真正的解決問題。

註1：美國精神醫學學會所出版的精神疾病參考書《精神疾病診斷與統計手冊》（Diagnostic and Statistical Manual，DSM-5），沒有將性成癮視為是一個疾病來診斷。原因之一在於，性成癮並不像其他藥物成癮或酒癮等人有改變大腦的現象。

# CH. 4 爭執、外遇與不信任

## 1 誰能來場沒有爭吵的戀愛？

#讓彼此越吵越愛

**一顆不起眼的原石，經過打磨和拋光，才會變成一顆眾人矚目的鑽石；唯有經過爭吵磨合的情感，才能讓彼此在對方的眼中閃爍。**

如果可以談一場不吵架又可以長久的戀愛，誰不想？偏偏在這個世界上我們必須要接受的一件事就是「絕對沒有不吵架的關係」，連生長在相同背景，出生是同一對父母，甚至相同基因，接受相同教育的兄弟姊妹都可以從小吵到大，更何況是生長在不同文化背景，接受不同家庭教育，有不同基因還不同個性的伴侶。在要求兩人不吵架的同時，更奢望對方可以理解你的想法，甚至1＋1＞2，你覺得有可能嗎？

有人會說：「我身邊就有人沒有吵過架！」沒有爭吵的感情，要嘛就兩個人如同聖人般的彼此互敬互重，可以接受對方所有缺點，接受對方所有的任性以及不體貼；要嘛就是用忍耐的方式換取看似和平的表面關係。你覺得前者的機會大還是後者？

在和對方相處的過程中難免會心生不滿，當你心裡不爽的時候，要不就忍耐，忍不住的就吵架。只是在吵的當下，你是「發洩情緒」還是「改善問題」，這就是兩一回事了。

又有人會說：「就算是忍耐，只要不吵架就好啊！」那我想請問你，你能忍到天荒地老？還是要忍到找不到自我的時候？更重要的是，這樣的你會快樂嗎？姑且把心生不滿這件事當作「垃圾產生」來看，一個垃圾桶裡一開始有個小垃圾，我們可以視而不見，但是當垃圾（不滿）越來越多，多到快滿出來的時候，會怎麼樣？可想而知的就是，忍耐的那一個人大爆炸！就像垃圾再怎麼壓扁，總會有滿出來的一天。

當忍耐很久的你突然大爆炸，此時，你本來想透過這次不小心的爆炸讓對方知道你其實平常都在忍耐，但沒想到換來的不是對方的體諒，而是一句：「你……怎麼變了！之前我這樣，你都不會怎麼樣，為什麼今天我根本沒幹嘛，你就要不高興，是不是你不愛我了？」甚至開始大哭大鬧。這時候，除了對方無法諒解之外，你還要再反過來解釋自己沒有不愛、沒有外遇、沒有二心等等，就只能把已經滿出來的垃圾再硬裝回去，然後壓得更扁，好像市面上銷售的真空袋一樣，壓得好扁好扁。

直到下一次，你真的無法再壓抑的時候，垃圾袋終究爆掉，面對分手的那一天，只好換一個新的對象，裝上新的垃圾袋重新開始，就這樣不斷地惡性循環，循環到後來，你便開始覺得自己為什麼始終遇不到對的人。

我們先想想，如果你和對方角色交換，假設你平常花很多時間在打電動、打麻將，或者跟朋友說屁話，而且對方都沒有說什麼。你覺得自己這樣的行為，是不是她可以接受的？（其實對方也正在忍耐沒說而已？）直到有一天，你還是一如往常的打電動，也許這天反而花在電動上的時間還比較少，接著對方突然一個大爆走，開始訴說著她對你「怎麼一直打電動！」的不滿，你做何感想？我想大部分男人的反應不是：「妳怎麼了？」然後開始想辦法解決問題，而是心裡覺得：「妳是中猴喔？還是大姨媽來？

吼……又要開始盧了！」等等的負面感受。

為什麼會得不到理解，反而還換來一句「妳中猴喔！吼……」或者「你怎麼變了！」然後對方哇一聲地開始大哭的原因就是「平常沒有說出來，導致後來你說出來反而不對了！」吵架和溝通其實是一樣的，只是有意義的爭吵會改善事情、促進關係，無效的溝通只會讓事情反覆發生，磨損感情。

## 為什麼大部分的人會那麼不喜歡吵架或溝通？

傳統文化告訴我們的觀念就是「男人要讓女人，不可以跟女人計較」，這樣似乎是一個男人疼愛女人的表現，但是它可沒有教你們什麼不爽都不要說，只要壓抑忍耐就好喔！忍耐，是適度的包容，而不是一味地壓抑與縮小自己，過度的忍耐在感情裡絕對不是美德，更是破壞感情最快的方式。當你不想維持一段長久關係的時候，不妨試著持續的隱忍，保證在不久的未來可以成功地換來分手。

# 如何有意義的吵架，或者說有效的溝通？

## ❶面對自己

很多時候，爭吵的產生不在於事件本身，而是我們不會面對自己的情緒，一味期待用對方的回應來滿足自己缺乏的安全感。當你遇到一件不開心的事情時，請先別急著生氣，首先你得先面對自己的情緒，想想自己為什麼會對這件事產生不滿的感覺。譬如：「我看到她跟異性說話就是不爽！」也許他們只是在一般談話，但你因為對自己沒有自信，導致只要你看到異性的出現，管他是什麼事，反正先不爽就對了。有的時候的確是對方與異性之間沒有拿捏好距離，才讓你如此氣憤。但無論是哪一種情形，在生氣之前，你都得先靜下來好好的釐清當下的感受。你的不爽是來自於內心恐懼與不安的黑洞，還是事件本身的錯誤。

## ❷不帶批評的告訴對方自己的感受

當你確定好原因之後，請用對的態度告訴對方你的感受。此時，你可以說：「我剛剛看到你們在說話的時候，他的手搭在妳的肩上，我看了很不舒服，甚至讓我不開心，可不可以請妳下一次避免這樣的行為。」不需要裝大方假慈悲，好像完全不在意這件事，你只需要用堅定的態度讓對方知道你的不開心，而不是用充滿不爽的語氣發洩情緒，當你爆發完了，對方也不知道自己到底做錯什麼，這樣就是沒有意義的爭吵。帶著批判的文字發洩，不僅無法表達你的感受，還會換來對方的誤解；若你明知道對方跟異性的對談是正常的，但你的感受卻是滿腹不爽，此時你更該面對自己的內在，了解自己為何如此，而不是採用限制對方的方式來滿足自己的安全感。譬如：「跟我在一起，你就是不准和其他的男生有互動！」這樣不僅無法解決事情，反而只會讓關係惡化。

## ❸ 想要避免爭吵，最好的方法就是面對吵架

千萬不要覺得，跟對方表達自己的不爽，就不是一個完美的情人。世界上沒有完美的情人，只有願意修復關係的兩個人，用堅定的態度讓對方知道自己的不愉快，用成熟的方式解決問題，才有辦法真的改善關係。絕對沒有不會發脾氣的人，只有不懂得面對自己情緒的人。

我認為，爭吵在關係裡的存在是必要的，只要是有意義的爭吵，事情就會改善，

關係更會進步，兩個人也才會在爭吵的過程中達到溝通的目的，因此可以更了解彼此，以及培養更深厚的默契。就像一顆寶石，少了打磨和抛光，它也就是一顆不起眼的原石；唯有經過正確磨合的情感，才能讓彼此在對方的眼中閃爍。

祝福讀到這裡的原石們，都能成為自己情人眼中最閃亮的鑽石。

# 天造地設就可以天長地久？

## #只要是王子與公主，就可以從此過著幸福快樂的生活？

去年的娛樂新聞「宋仲基、宋慧喬離婚」和「范冰冰、李晨分手」的訊息占據了各大頭條，更引起大眾的揣測與推論。

許多人看到這樣的新聞後反應兩極，極度樂觀的迷哥迷姐因此普天同慶表示：「我的老公老婆終於回來了！」，開心一點的普哥普妹說：「原來，有財力有顏值也是會分手的嘛！世界彷彿充滿希望！（遠望）」，悲觀一點的則泣訴：「怎麼會連人生勝利組都會分手！我不要相信愛情了！（捶胸）」

畢竟我們不是當事人，姑且先不論這兩對離婚或分手的原因為何，但我們倒是可以從這個現象中發現，離婚分手不是天天都在發生的事嗎？為什麼這兩對情侶的分手特別讓人驚訝，甚至有人還將他們發布消息的這天訂為國際分手日。對一般人來說，這兩對夫妻和情侶，不但擁有極高的顏質，還同時擁有「愛情與麵包」，似乎理當就該像童話故事般那樣「從此，王子跟公主過著幸福快樂的生活」，但為什麼不需要選擇麵包或愛情的他們，反而容易分手？

根據之前的一項研究指出，相較於魅力普通的人，長相出眾的人反而更容易分手，其中一個原因就是，當我們身處一段婚姻和戀愛關係時，就算身邊出現相對條件不錯的人，我們會潛意識地選擇忽視這樣的對象，以維持現在這段關係。但研究發現長相出眾的人，談戀愛時不僅不會在潛意識裡忽視其他的對象，和一般人相較，反而更容易受他人吸引，因此戀情通常不久。

也許是因為帥哥美女身邊不乏追求者，所以會有「反正這個不合就換一個」的想法，也會覺得自己比較沒有必要「為這段感情付出」[1]，在這樣的情況下，當然也就相對容易分手。嚴格來說，我不覺得這個結果只限於顏質高的人，而只要是「自覺條件好的人」都會有這樣的問題發生。覺得自身條件好的人，不管別人覺得他有沒有擁有好的條件，都足以有理由讓他不為這段關係付出和經營，而這樣的人不一定真的都是顏值出眾，其實這也會發生在擁有大量財富以及高度社會地位的人身上[2]。更準確一點的說，擁有好條件的人，會因為客觀的財富地位條件與姣好的外貌，比一般人更容易踏入一段婚姻或戀情，卻也容易從一段關係中出走。

一段長久的關係終究需要靠「分享與溝通」來維繫。我認為，只有願意分享自己感受與持續和對方溝通，才是維持感情的金鑰匙。所以，在愛上對方的同時，除了享受幸福，我們更要懂得包容對方的缺點與接受雙方的黑暗面[3]。在這之前，自覺永遠是第一步，面對自己的情緒是第二步，接受自己的不完美與對方的黑暗面則是第三步，同理對方與表達自己是第四步，接著才會真的進入我們所謂的「有效的溝通」，有效溝通之後的第五步就是彼此的改變與調整。為了達到更長久的關係，這樣的循環勢必會不斷的發生，我不否認這樣的過程很耗神、很累人，就好比身體的成長需要靠細胞分裂來完成，但感情的進步則是需要靠不斷分裂後的親密感來成就。我相信經過這樣的過程，一定會讓兩個人從中獲得更靠近的「新（心）關係」和更好的自己。

幸福，永遠都不會只是一個結局，而是一個連續進行的過程。童話故事裡的「王子跟公主結婚了」是一種幸福的象徵 Happily ever after，但相較於婚內失戀者，在現實生活中的分手與離婚何嘗不是另一種 Happy ending。即使分手、縱使離婚，也抹滅不掉兩人曾經共同擁有的幸福與付出。

所以，是不是天菜，或者是不是人生勝利組，對維持感情來說都不是最重要的。經營就像豐沃的土壤，不管你是溫室裡的玫瑰、路邊的野花、地上的小草，或牆縫中的蕈類，只要有養分，都有辦法延續在土壤裡長出的生命。沒有願意經營的心，就算是人生勝利組也會踏入感情的墳墓，一片死寂。相反的，只要你有心經營，就算條件再差的環境，也會長出沙漠綠洲中盛開的花。

祝福在離婚、分手後的兩對與大家繼續在名為幸福的路上找尋。

註1：描述的是「相對」情形，不是所有條件好的人都不會為感情付出或者都容易分手。

註2：只是在這樣的人身上通常出現的鮮少是一對一的關係，而是一對多。

註3：「黑暗面」指的是，當我們在面對一段關係裡的限制時，會出現的下意識行為，通常我們會選擇使用壓抑、敷衍或欺騙的方式處理。譬如：女友不准我打電動，為了維持關係我得遵守規定，但在真的很想跟朋友手遊團戰的時候，所選擇的下意識行為通常為欺騙或壓抑，然而，這兩者都是通往分手最快的道路。

# 外遇就該死？

## #原來結婚了還是會失戀

**在你決定外遇的當下，背叛的除了伴侶，還有你自己在感情裡所有的付出。**

每當談論到外遇這個話題，大家總指著外遇的那個人臭罵，網路上也不乏許多文章教導著大家要怎麼分辨一個容易出軌或者已經出軌的人。我總想說，「外遇」絕對不是一個人的責任，但這也並不代表外遇就是可以理所當然存在的。就好像處理一個打架事件，看似被挨揍的人是無辜的，出手的人是錯的，但是細問之下，其實有許多原因可能造就這個事件發生。也許是被打的人說著激怒人的話語：「打啊！你打啊！有種你就打啊！」結果真的激到了一顆拳頭往臉上揮過來，也或許是被打的人因為害怕，選擇默默忍受，反而縱容了更多暴力。但也有可能是你根本沒幹嘛，反正拳頭就是朝你揮了過來，成為無辜的受害者。

不管是哪一種，我們都只說動手的人就是不對，如同我們面對外遇發生一樣，外遇的人就該死，但我們是否有近一步去探討，為什麼會發生這樣的事情？

感情關係是互動的，我認為，兩個人都該為關係內發生的任何事負責，責任不是單方面的。外遇本來就是不對的事，但在這裡我想和你們探討的是「為什麼外遇會發生？」也許了解之後，更可以避免外遇的發生。以下我想分兩個部分說明，當你外遇了，或者當你被外遇了。

## 我愛我的伴侶，但我外遇了

走在人生的旅途上，難免被其他人吸引，被她的美貌、被她的氣質、被他的俊俏、被他的才華，抑或被她的溫柔或他的貼心，或是被某種說不出來的原因撥動了心弦，大部分的人也許都經歷過這種瞬間。但是，你是否會在原本的穩定關係中開啟一段遊牧之旅，便取決於一個人的意志力與決心了。

有些人覺得「我只是偷吃一口而已，又不會被發現。」但是，你可知道，一旦嚐過沒被發現的甜頭，就會像吸毒一樣的上癮。另外，研究顯示，人之所以會有重複偷吃的行為，就是因為大腦已經開始對背叛的罪惡感感到麻木，因此偷吃就會一次比一次大膽，也更放縱自己對彼此的關係，產生一次又一次的傷害。

有些人會誤以為是因為「外面的對象很有吸引力，讓我如此癡迷，所以我才一次又一次的想跨越紅線」。其實，偷吃只是人心貪婪的表現，你愛上的不是性感又迷人的小三，而是這種「偷偷來」的感覺。另一方面，正因為不能光明正大更顯得神祕，所以格外珍貴，也更讓人上癮。也許，這就是人性中不可避免的黑暗面吧！就好像減肥期間能吃到的食物都特別美味一樣，這個美味不是因為它是米其林三星，只是因為「你正在減肥」。同理於偷吃這個行為，當你以為自己發了瘋地愛上小三的時候，先靜下來想想，你是真的愛上「那個人」，還是純粹享受這個偷偷來的行為而已。這也可以解釋許多人的疑問：「為什麼一旦小三扶正之後，就好像變得沒那麼愛了？」接著腦海裡就不自覺萌生起尋找小四的念頭。

下次當你興起「偷偷約個會，也不會怎樣吧！」的念頭時，先想想伴侶與你用心培養的默契、花下時間建立的信任，是否值得這樣的冒險？那短短的出軌，在你一念之間，足以摧毀一段你們長久以來用愛建立的軌跡，也傷害了那個你發誓要愛著且要讓她快樂的女人。如果你的心可以很確定你愛外面的人勝過你的伴侶，那我建議你先結束一段原先的關係，再繼續一段新的開始，一方面對大家都公平；另一方面，你也只有在結束原本的關係後，才會真的知道，自己是否真的需要這段婚外情。

## 我不夠好嗎？為什麼他外遇了？

當另一半打破了兩人締結的誓約，讓你不只質疑你們的過去與現在，甚至開始產生自我懷疑「是我不夠好嗎？」的時候，請你／妳先停止這樣的懷疑與念頭。外遇會發生，絕對不是因為你／妳不夠好，因為做錯事的不是你／妳，也許只是你們的關係中出了些問題，因為缺乏溝通，導致你的伴侶用了錯誤的方式表達。

有些人偷吃的原因是為了「改變伴侶」，與第三者的逢場作戲，只是為了引起你／妳的注意，或者只是想跳脫原本的關係，向外尋求肯定與安慰。大多數偷吃的原因不是因為「個性」，就是因為「性」。身為伴侶的你／妳，可以偶爾試著幽默，降低另一半與你相處的緊張感；偶爾使用鼓勵代替責罵，讓對方感受自己存在的重要性。

或許因為傳統道德的束縛，或是形象的枷鎖，造成你們在性事上無法契合；或者因為常常被拒絕，導致他／她需要向外尋求生理滿足。伴侶之間本來就需要相互付出與對待，在我們需要對方尊重我們意願的同時，試著想想，我們是否也顧到了對方的需求付出。只要你／妳願意與對方溝通彼此的性需求，我相信，你們之間所享受的絕對不會只有性，而是性愛帶來的連結與滿足感。這個感覺，是偷吃也嚐不到的美好。

另一種偷吃的可能則來自於，他／她把你／妳的存在視為理所當然，所以忘了身邊最美好的那個人，忘了與自己最相配的那個你／妳，忘了有人一直無條件的付出，忘了被愛是多麼美妙的事情。此時你／妳犯的唯一的錯就是，對她／他太好到讓她／他有恃無恐。如果這樣的你／妳發現了對方偷吃，請勇敢離開吧！你／妳失去的只是一個不夠愛你／妳的人，他／她失去的則是一個愛著她／他的人，損失的只會是她／他，絕對不是你／妳。付出是相對的，你／妳必須讓妳的善良付出得有點價值。

有些人在長期穩定交往的關係中，容易因為感到無聊而發生偷吃的行為。男人喜歡探索與嚐鮮，所以女人一定要時時刻刻提醒自己，千萬不要因為進入一段關係，就把對方視為自己的生活重心，這是一件非常冒險也很危險的事情。請記得，他當初愛上妳的原因就是因為妳是妳，而不是任何人，妳有妳的生活圈、妳有妳的興趣、妳一定有妳想做的事，妳只需要專注在自己身上，做喜歡的事情讓自己開心，只有讓自己開心的女人才會迷人，才會散發讓男人一直想追逐的魅力。

雖然使用偷吃的方式來解決兩個人的問題是一個非常不好，而且很不管用的方法，但有時候兩個人在此時會產生一種快要失去對方的危機感。如果兩個人維繫感情的動力能被激發起來，說不定這是個重建彼此感情堡壘的轉機，經過這樣的轉化，讓未來的感情更堅固。只是，要從被摧毀的瓦礫堆中重建一段感情，需要花費的時間也會是以往的好幾倍，被傷害的記憶需要加倍的努力才有辦法隨著時間消除。

## 感情沒有天長地久

偷吃之所以迷人，就在於它的時間不知何時會結束，那讓人魂牽夢縈的思念與等待，讓人願意為了這短暫的激情而犧牲長期累積的感情。我們必須面對一個事實，感情不會因為穩定交往而從此海枯石爛且不褪色，更不會因為套上一枚戒指就此天長地久，永不改變。世界上沒有不改變的事，唯一不變的就是一直在變。我們要學習如何讓自己變得更好，更要學習如何在兩個人的生活裡彼此成長，只有一直讓自己適應世界的改變，才有足夠的智慧與情商去面對偷吃、出軌、外遇這種悖常。

# 4 我的翻牆老婆

## #女人的告白：「我的心不在了……」

某天，在我拍攝短片的時候收到一個陌生的訊息：「許博士您好，我是芸瓊的朋友，她請我告訴妳，她正在被家暴。」一開始我沒有太理會，以為是詐騙集團，後來越想越不對，我還是拿起自己的電話撥給芸瓊。撥了幾通電話沒接後，我發覺事情不對勁，馬上和企劃告假，往芸瓊家飛奔而去。

才剛到門口，就聽到一個男人如雷電般的暴吼和一個女人如狂風暴雨般的哭哮聲，我站在門鈴前深吸一口氣，按下電鈴。

「妳怎麼會來？」來應門的芸瓊老公驚訝地看得我，我往內張望了一下：「你們還好嗎？」

「妳看他做了什麼好事，不信妳自己問她，我沒打死她就很不錯了！」芸瓊老公生氣的說，芸瓊則上氣不接下氣地哭著，低頭不語。

「我不知道詳情如何，但再怎樣，你都不該動手。」我緩緩地說道。

「她如果沒有先背叛我，我怎麼會打她，事情有因有果。」芸瓊的老公倒是理直氣壯的回我。

「是啊！事情有因有果，但你是否想過，芸瓊今天會這樣，也是有原因的，對吧！」

我相信不論男女，沒有人可以接受心愛的人愛上別人。但是，當一般人聽到男人外遇的時候，大多數的反應是：「男人嘛！逢場作戲難免的，為了家庭妳就忍忍吧！」女人能做的，就是為了家庭的完整而死命隱忍，用淚水洗滌受傷的心靈。但是當角色互換時，旁人的反應卻變成：「這個女人怎麼會這麼放蕩，已經有老公了，還去勾引別的男人，真是水性楊花、不守婦道！」同樣的場景、同樣的劇情，在性別互換後，卻得到截然不同的評價，女人的難為，可見一般。撇除性別帶來的外在影響，當你面對人生伴侶的「心」出走的時候，除了憤怒和無力，其實還有更多能有所作為的努力可以一試。

所有關係的破碎，一定有開始斷裂的源頭；這些原因可能是生活上的微小齟齬，也可能是情緒衝突的累積，在工作和生活的壓力下，回到家已經累癱的兩個人，無論身體或心理都已經處在緊繃的狀態，沒有力氣溝通，更沒有興致再吵架。日積月累的結果就是，家已不再是休憩的港灣，漸漸變成除了工作以外的另一個壓力來源。

婚前希望家裡有人可以安頓，婚後發現可靠的只有掃地機器人，彼此都成了雙方眼中陌生的怪獸。至於，怪獸從何而來？這個原本應該和樂融融的家裡為何成了怪獸的孵化池？冷靜下來，好好想一想，也許你會找到其中的關鍵。

## A片誤導男人、韓劇誤導女人

男人的性知識啟蒙，無論來自飯島愛還是三上悠亞，都會讓男人自認為加藤鷹再世。手指動兩下女人就浪聲淫叫，狂野潮吹。但是一段完整且美好的性愛，絕非像快轉的成人電影那麼單調無趣，而是需要你的精心打造和調味。女人期待燭光晚宴，你卻端上速食泡麵，也許當下的慾望是滿足了，但長期下來，她的心卻是營養不良，飢腸轆轆。

如果說男人靠A片滿足性慾，卻扭曲了性愛觀，那麼，我認為韓劇的出現，完美的成就了女人對性愛的情慾幻想，卻也扭曲了愛情觀。男人看A片要躲起來，還要付費解碼；韓劇沒有馬賽克，還可以大聲播放，更可以光明正大追劇追到天荒地老、海枯石爛，只要眼睛沒壞，沒有人會阻止你。偏偏韓劇正是女人的A片，看到虐心的場景，男主角巧妙地出現，正好搔到女人按捺已久的癢處，導致老公相對之下的不足，由別人來彌補，造就了女人外遇的發生。

女人很可能沒發現，在那個當下她愛上的，並不是真正的男主角，只是個誤入這場戲的臨演。韓劇裡的生活滿是浪漫情節，平凡的日常是偶一為之的輕描描寫；但在真實世界裡，多了柴米油鹽的婚姻，平淡的生活才是日常，浪漫的情節反而才是偶一為之的點綴，我相信這是老生常談的道理，只是身處意亂情迷的當下，往往會以為自己是劇中的女主角，而不小心誤入歧途。其實，披上婚紗的她，說出我願意的那一刻，早已是你萬中選一的女主角了，不是嗎？只是愛情流逝在柴米油鹽中，讓她的光芒不復存在，而你除了埋怨婚後的她不再耀眼，又可曾注意到她注視著你的眼神中其實帶著熾熱的渴望。

## 保持冷靜，再生氣也不能動手

很多男人發現被戴綠帽的時候，會感到男性的尊嚴受到極大的威脅，心裡很受傷，卻又要假裝堅強。在負面情緒的影響下，男人已經失去了理智，滿腦衝動，只想趕快了結讓自己受羞辱的一切，根本無法冷靜！但此時，無論你是要離婚還是繼續維持，最需要的就是你的冷靜，一旦自亂陣腳，就無法好好處理老婆外遇的問題。

## 溝通和關心才是維繫關係的不二法門

大家都說，婚姻是愛情的墳墓；我倒覺得，失去溫度的愛情，才是造就婚姻變成墳墓的主因。婚前的你在意她的一舉一動、一顰一笑，她稍微牽動的眉梢與上揚的嘴角，你都能了然於心的立即做出滿分的回應。無奈婚後的你成了愛情裡的植物人，沒有主動的察言觀色就算了，更不用說是回應老婆的呼喚。想想看，韓劇裡的男主角，除了讓人怦然心動的俊俏外表外，「把女人當成他世界裡的唯一」才是最讓女人心裡高潮的特質。

也許因為工作返家後的疲憊，讓你無法高檔演出，但適時的展現你的在乎和關心，甚至偶爾來個小小的吃醋，都是重燃你魅力的技巧；也許因為習慣，你慢慢忘記了當初對方讓你心動的本質，但是請你記得，婚姻是一場人生的馬拉松，比的不是短時間火花四射的激情，而是一輩子的安心依靠。當你埋怨婚後的她變了的時候，她或許也正想著，那個婚前貼心、關心、耐心、安心的你，到哪兒去了？

我很喜歡一句話：Everything happens for a reason.「每件事的發生，都有它的原因。」老公外遇如此，老婆出軌亦然。碰上這樣的事，想必驚慌失措、憤恨交加，倘若你真的想與心愛的人攜手一輩子，何不把這當成是一個善意的提醒，提醒自己在婚姻路上正被遺忘的樣子。只要修補好已出現的裂縫，持續讓彼此為雙方在婚姻上努力，何嘗不是一種幸運。即使裂縫已大到無法再靠近彼此，這樣的提醒，也會是你下一段幸福的暮鼓晨鐘。

期待風雨交加的夜晚過後，那道晴光下的彩虹。

# 5 我的老公爬上了別人的床

## #男人的告白：「我外遇了……」

**婚內失戀，婚外戀愛，如果這世界上能有「早知道」的機制，也許就不會有那麼多傷害發生。學會珍惜，讓我們更懂得在婚後持續婚前繾綣的戀愛。**

「我和我的另一半感情不好很久了，為了家庭責任，我沒有離婚，但是……」這似乎是所有外遇者統一對外的理由。但是就邏輯上來說，你的外遇，不是因為你和另一半感情不好才出現的，而是因為你外遇了，所以心裡才開始對這個早就存在的問題產生討厭的感覺。

就在人生中遇到困境，需要抒發的時候，剛好有人提供了這樣的機會；處在太過平淡的婚姻中，在某個時間點，剛好出現了某個人，為生活中的平淡撒下調味的糖，只是沒想到，以為一下就會結束的意外，仍造成了必然失控的結果；只是沒想到，以為沾一下嚐鮮的口感，就這麼不小心的上癮了。

我相信外遇的人絕對沒有想要傷害對方的意思，這也是所有外遇者的共同的心聲：「我真的沒有想要傷害她」，如果糾結的你正在看這篇文章，那麼，希望我的建議對你的人生能有些幫助。當你發現自己不小心外遇了，首先……

## 先確定自己的感覺，你想繼續還是離開

相處太久，有時候會讓我們忘了當初的悸動，愛情漸漸變成親情。這個時候，請回想一下，當初你們會結婚的原因是什麼？另一半吸引你的地方在哪？你得好好找回這種感覺。如果你真的不愛了，那就好好面對這個事實，開誠布公的和對方坦承，相信我，坦誠的過程也許不好受，但絕對比花費一輩子的時間圓謊來得好。一對分開的怨偶，也許會造就兩對幸福的佳偶。

你要牢記的是，一切的決定，都是來自於你不愛了，而不是因為她的出現，外遇對象的出現，只是你「早就不愛了」的顯示器。幸福是自己努力的結果，絕對不是命

運偶然的賞賜，天上不會掉下禮物，只會掉下鳥屎而已。如果你發現你無法面對，寧願將決定權交給自己以外的人，那這更加告訴了你，這場外遇只是一場意亂情迷，而非認清事實的理性。

如果你還愛著你的伴侶，而且你很清楚地知道你的生活不能沒有她，那就不要輕易讓她離你而去，如果這個錯誤能讓兩個忘了幸福的人醒來，這也許是件好事。

## 反問自己，是不是自己真的疏忽了什麼？

我常常說，一段關係的破裂，絕對不可能只有單方面的問題，只要你是當事人，就必須先反省自己，你是否曾經做錯了什麼，或不小心忽略了什麼。大部分的人都不喜歡內省自己的感覺，畢竟檢討自己的錯誤是一個不怎麼好受的過程，但是如果你真的想挽回這段婚姻，也想避免外遇再度發生，請相信我，這個步驟真的非常重要。

## 你是不是太注重工作，少了對另一半的陪伴與關心？

現代社會，雙薪家庭比比皆是，不管男人或女人，擁有經濟獨立的能力後，往往覺得只要努力工作賺錢就好，其他的就不用再管。其實不是這樣，養家賺錢之外，經營兩個人的感情也非常重要，如果對彼此漸漸沒有了心，兩個人之間的相處只會慢慢變成對價關係，那是一種「我只要有對這個家付出就好」的偽責任感，那彼此之間的責任呢？隨著婚姻消失了嗎？如果你的答案是肯定句，那麼會不會對方也剛好有同樣的想法，因此讓你失去了與家庭的連結，只好向外尋求溫暖？若彼此都有這樣的想法，那也是時候該坐下來好好討論兩個人的未來，如果能和平的結束一段感情，我相信好好地放下過去，認真地享受未來，會比持續一段對價關係的婚姻要好過得多。

## 你與另一半親密的時候，是否忽略了對方的感受？

你是不是因為相處久了，就只記得滿足自己的慾望，忘了對方其實也需要被滿足。一場美好的性愛來自雙方甜蜜的互動，如果你只顧著滿足自己，那麼久而久之，你也會對著同樣的速食性愛感到厭煩；最後就會想要向外尋求你曾經感受過的悸動與心跳。所以試著對性愛更用心，你會在付出的過程當中，獲得意外的驚喜喔！

## 了解自己外遇的原因

當你釐清完自己的感覺與分析完原因之後，接下來就可以找對方坐下來好好談談，誠心地懇求對方的諒解，誠懇地讓她知道你想與她攜手一輩子的心願，向對方坦承一切後，你會發現事情並沒有想像中的糟。你能對未來許下怎樣的承諾，你希望對方能為你做出怎樣的調整，這是很重要的事，無論對方是否有任何讓你不舒服的反應或責怪，請你都不要有任何強烈的負面情緒。請記得，現在你做的事，是因為「你想要繼續維持關係」，別讓一時的情緒破壞了你好不容易鼓起勇氣，終於有解開婚姻中千百結的機會。只有坦承，才有辦法避免下一次錯誤的發生。

會打破曾經的承諾而向外尋求慰藉，代表婚姻中已經出現破口，倘若只是基於對婚姻的羈絆而重回家庭，這只會是短暫的陪伴，無法穩定長久。最好的解決之道，還是得回歸現實，就像一個爛肉傷口，也許每天清潔、消毒會帶來疼痛，但這也是唯一讓傷口復原的辦法。面對問題一定不好受，但情感上的磨合會帶來更多理解，能了解雙方的需求，更能讓彼此的感情重燃愛火。請你相信我，當你選擇面對後，不管決定為何，你已經在自己的人生中往前走一步了。

從自己身上看到問題，對挽回絕對事半功倍，不僅有助婚姻修復，也能夠讓自我成長，即使這段關係最後仍舊告吹，也絕對有助於自己的下一段婚姻或感情生活。

# CH.5 無性愛情 VS 純性關係

## 1 男女之間有沒有純友誼？

#紅粉知己與小三之間那條神祕的界線

我相信每個人都被問過這個問題：「男女之間到底有沒有純友誼？」每個人的立場不同，說的答案也不盡相同。有的人會假藉「友誼」為靠近心儀對象的理由；有的人明知對方心思並非只想當朋友，卻用裝傻的態度，讓「友誼」成為獲得好處的一種手段。將彼此的關係建立在踩鋼索的默契上，以不超越界限的方式，維持著口中的純友誼。對我來說，這並不是真的純友誼。

前陣子藝人謝忻與阿翔的緋聞鬧得沸沸揚揚，有些人會把「謝忻與阿翔之間的純友誼變質成婚外情」拿來否定「男女間的純友誼」。阿翔在記者會上表示，自己沒有拿捏好與對方之間的「那條線」，才會讓謝忻從原本的好友，變成人人喊打的罪人。不過，我是這麼認為的，在這條線產生之前，他們的友誼發展，早已有「情愫」存在，那個超越曖昧的情愫，讓女方願意為了男方，對外聲稱彼此只是哥兒們。但是，我們都只是旁觀者，所以他們之間的關係不在我們這個章節要討論的純友誼裡。

至於我的答案則是：「我相信男女之間有純友誼，但是！純友誼的成立，必須建立在雙方對彼此都沒有逾越的心思與企圖。」也許會有人問說：「難道他們之間都沒有喜歡嗎？怎麼可能都沒有！」或是「妳敢說他們沒有偷偷暗戀對方，等待某個縫隙鑽進去？」或是「他們如果有事沒讓妳知道怎麼辦？妳怎麼可以接受他跟別人之間有祕密？」或是「如果哪天他們看對眼，發生關係了怎麼辦？」

接下來，我分別就個人的想法跟大家分享：

## 難道他們之間沒有互相喜歡嗎？

我們自己在學習社交的過程中，誰不是跟自己喜歡的人交朋友？女生會欣賞漂亮、有能力的女生，男生也會欣賞帥氣、身材好的男生，這幾乎天天發生在我們周圍，再也正常不過。如果不喜歡這個人，我們連接近的慾望都沒有，更何況與對方交朋友，不是嗎？朋友之間本來就會有喜歡，只是喜歡的程度僅止於朋友，並沒有多到想把對方占有的那種衝動與愛戀。

## 難道他們沒有偷偷暗戀對方，等待縫隙偷偷鑽進去？

他們有沒有偷偷暗戀對方，只要雙方沒有開口承認，你永遠沒有辦法確定這件事，但是我們可以由他們對彼此的行為，以及自己的第六感來判斷。有的人會說：「如果沒怎樣，幹嘛不敢跟我說？」的確，如果他們之間沒有其他的心思，我相信他會在你們感情開始之前就大方介紹妳們認識，更希望妳也能一起喜歡這個朋友，但如果他死都不介紹給妳認識，那我想，不是他有問題，就是妳太會吃醋了。

如果其中一方心懷不軌，我想再怎麼把持得住的人也會在某些時候不小心流露出自己的真心意，若是兩個人都偷偷暗戀對方，那麼這應該不是純友誼的問題了，而只是披著純友誼的外衣，行「出軌」之實。我認為，在一段關係裡，除了相信自己的直覺外，我們也該相信自己的價值與魅力與對方對感情的忠誠。

## 他們之間如果有祕密怎麼辦？

我們總是允許自己可以有祕密，卻不能接受別人有事情隱瞞自己，這就是人性。基於安全感的問題也好、自私與否也罷，但我們不得不接受這就是人。人喜歡分享，同時也需要被了解與接納，但因為天生的不安全感，所以我們將不同的祕密，分享給不同的人知道；將不同的面向，展現在不同的人面前，可能是家人、情人、鄰居、朋友或陌生人。我們得接受一件事，就是人與人之間，本來就不可能做到完全的透明與坦白，每個人都需要一個屬於自己的祕密空間。

妳會說：「那他為什麼不跟我說祕密？」親愛的，妳要曉得，我們會分享祕密給某個人，除了那個人會守口如瓶之外，有另一個很重要的原因就是「他能了解，而且不會批評。」妳能保證妳男朋友跟你說的每一件事，妳都能如同妳對待朋友一樣寬容與無所謂嗎？也許這就是我們產生矛盾的原因。在感情裡，因為在乎，所以計較，導致雙方相處得小心翼翼，深怕一個不小心，讓心愛的人不開心了，也就因此無法分享許多個人的祕密讓對方知道，但愛情迷人的地方不就在此嗎？雖然友情之間多了寬容，所以事事都好，反而朋友之間相處自在，但友誼之間一定也沒有辦法嚐到屬於愛情的酸甜滋味呀！

## 如果哪天他們看對眼，意亂情迷，發生關係怎麼辦？

我相信，真正處在純友誼裡的男女，他們有足夠的自知，懂得珍惜伴侶，也相信自己的價值與對方的忠誠，深知彼此的友誼就只像家人之間的情感一樣，並不會與性衝動連結。當然，我也不敢跟你保證，號稱純友誼的人絕對不會如此。

此外，在夜店裡，不也常常上演看對眼這種事，不然何來一夜情呢？更何況他們連友誼都還稱不上，妳要從何擔心起？還有另一種連眼都不用對，直接約上床的炮友，妳又該怎麼防？總不可能把男朋友綁在身邊24小時吧？還是妳要請人隨時盯梢？只要是人，誰沒有一時意亂情迷的時候？重點不在這樣的時刻會不會發生，而是發生的時候，他是否還能控制自己的思緒，保持理智。無法控制自己的人，根本不用純友誼的包裝，就算沒朋友也能一時軟弱的趴倒在對方身上，不用看對眼也能意亂情迷的脫下褲子。

不管真實的情況如何，我更希望每個人都能相信伴侶對自己的愛，是足以讓他與他的紅粉知己守住底線、保持理智，因為他更珍惜的是與妳之間的感情。

# 夫妻之間一定要做愛？

## #當激情褪去時，還剩下什麼？

**性與愛，在感情裡缺一不可，除非你們已不再是男女之間的情感關係。**

在做研究與諮詢的過程中，我發現有越來越多的無性夫妻，很多人以為都是因為女人比較沒有性慾，或是在生完小孩後性趣缺缺。其實不然，有時候不想要性的，反而是男人。

雲梅和先生結婚十幾年，生了三個小孩，夫妻倆收入穩定，家事分工，很會教育小孩，小孩也都很喜歡她，他們在外人眼中是模範夫妻、人生勝利組，看起來幸福美滿。但是，雲梅發現先生在自己生完小孩後，性慾越來越低，面對雲梅的渴望與暗示，先生彷彿都視而不見。某一次，她主動碰觸先生的下體，竟然被先生無情的拒絕，先生表示自己工作很累需要休息，力不從心。幾次下來，雲梅感到越來越挫折，也有說不出的委屈，不知道先生怎麼了，也不知道該怎麼辦，說著說著就在諮詢的診間裡哭了起來：「我真的不知道我到底在堅持什麼，我也不知道為什麼我先生總是不碰我，我好想結束這段婚姻，找一個願意碰我的男人。」

少忠也有相同的困擾，與太太兩人平常相處沒有問題，但是太太在生完小孩之後，越來越不喜歡跟自己做愛，求歡被拒已經習以為常，有時與太太抱怨，太太便表示：「孩子都生了，你還想要幹嘛，你自己去弄一弄就好了啦！」少忠看著身邊外遇的朋友，心想：「我還能忍多久？我真的要跟阿宏一樣走上外遇的路嗎？」但清楚自己深愛太太的少忠，知道自己沒有辦法與他不愛的人發生關係，少忠看著我無奈說著：「合法的（夫妻）沒有性，有性的（外遇）反而違法。」。

現代社會中，無性夫妻的現象似乎越來越普遍，常見原因除了「婚後才發現」另一半有性功能障礙之外，還有另一個是「激情消退症候群」。

## 婚後才發現另一半有性功能障礙

性功能障礙有分生理性及心理性。男性常見生理上的問題有：勃起功能異常、早洩或遲遲無法射精；女性最常見則是性交疼痛與陰道痙攣，如發生這一類的問題，請儘早就醫求診，請醫師幫忙，千萬不要相信偏方、亂買成藥，有時問題沒有解決，反而帶來更多後遺症。這也是現代年輕男女，寧可先上床也不要像以前一樣，保留處子之身到婚後再享受初夜的原因，有個年輕人說：「你沒試用過怎麼知道適不適合，總不能都結婚了才發現原來不適合，這樣要怎麼退貨！」另一個年輕人則告訴我：「以前上床是全壘打，現在牽手才是最後一壘，你沒跟那個人做（愛）過，怎麼知道他行不行，如果不行，當然不能牽手啊！」

心理性的性功能障礙則常見於「壓力」與「認知」，工作壓力也好，另一半給的壓力也罷，或者是小孩在旁邊帶來的旁觀者壓力，這些都有可能是造成你或另一半性趣缺缺的原因。當你發現另一半工作壓力大的時候，也許你可以試著分攤生活上的事務，另一方面，也許你帶給另一半無形的壓力，只是你不自知。當我們沒有辦法解讀或分析自己感受的時候，便有可能會潛意識的藉由「性」作為反應壓力的方式，我想這時你們需要坐下來聊聊，好好打開彼此的心結。

至於認知方面，有些女人在婚前沒有性經驗，不知道該如何取悅對方，以及從小接受的傳統教育，告訴女人在性方面要保守、不能有展現自我的情慾等等，導致女人對性會出現心因性的障礙。其實，時代在變，觀念也在變，我們必須學會面對與接受自己的情慾，性慾就如同食慾一樣，是自然而然的。當你肚子餓會想吃飯；當你愛上一個人的時候，也會想做愛，這是很正常的事。

## 激情消退症候群

### ❶做愛太累，自己來最方便

許多先生不想做愛的理由，大多都是上了一整天班帶來的疲憊感。畢竟要做一場愛，前前後後加起來，至少也要耗掉半個小時以上，就算直奔抽插運動，即使省了時間也去了半條命。所以當先生在面對太太有性需求的時候，「我很累！」似乎就變成拒絕太太的好藉口，畢竟A片裡的波多野結衣和三上悠亞，不用前戲、不用費力的扭腰擺臀，也不用顧及她們感受，還可以時時換人，更不用在射出之後還要說我愛你，重點是可以在五分鐘之內就解決。只是這樣的結果在太太眼裡，常常變成「是不是我沒有魅力了？」的自我懷疑。

## ❷ 怎麼可以跟孩子的母親做愛

這是佛洛伊德提出的「聖母—妓女情節」（madonna-whore complex），對這樣的男人來說，女人只有兩種，一種是在性上主動，容易激發男性性慾的女人，另一種則是被人尊重，卻不會讓人聯想到性的女人。當太太成了孩子的母親後，有些先生自然會停止和太太的性行為，因為那個激發自己性慾的女人，已經變成了讓他產生尊重心態的小孩的媽。

## ❸ 婚前那個性感的小妞不見了

婚後，過著日復一日的生活，充斥著只有小孩的哭聲、奶粉、尿布與柴米油鹽醬醋茶，天天睡在同一張床上，看著穿同一件睡衣的太太，少了婚前的性感與捉摸不定的神祕感，性吸引力自然會減低。夫妻互動太像家人，也是夫妻性生活的殺手之一。要女人放下家庭很難，但請妳千萬不要因為家庭，便忘了好好打理自己。

在一段關係中，性愛產生的愉悅感，會將兩個人之間的關係拉得更緊密。性，絕非必要，但是當你愛一個人到某種程度，自然會產生一種想與對方貼近的「親密感」，那是家人的情感無法取代的，別讓「家人」的身分取代了兩人之間的親密感。

## 3 如何終結無性愛情？

### #想親親抱抱的慾望到哪兒去了？

「性」是一件很重要的事，我想男人都會很贊成這句話。「性」到底是什麼？對我來說，性與交配最大的不同，在於「性，是帶有愛的意識的親密感」，也就是我們口中的「做愛」。

「做愛很重要」，但做愛如果沒有「愛」，充其量只是一種「傳宗接代的交配行為」或者「受賀爾蒙影響的騎乘運動」。

追根究底，性只是親密感中的一種表現。對人類來說，維持一段關係，重要的就是「親密感」，而親密感中，最簡單的就是「擁抱」。

性慾望也許會隨著年齡增加而減少（與生理變化有關），但是渴望親密的感覺，只會隨著時間的累積而增加。

要怎麼知道你與伴侶之間還有沒有親密感？當你回到家，你會不會有「想抱抱」的念頭，當你一回家，看見可愛的兒女或寵物，張開雙手，迎面而來的就是奔向你的擁抱，這種「抱緊緊，緊到不能呼吸」的親密關係是否還存在你與伴侶之間？還是，你們之間僅存的只是一般的「人際關係」，能夠安然相處就好。並非所有稱為「夫妻」的男女都一定有親密關係，如果你們相處的時候，連最簡單的擁抱的慾望都沒有，那麼你們之間可能已經出現了問題。

我們常常在忙碌爭吵之後，忘了給彼此擁抱，當初墜入愛河的激情擁吻，如今卻都忘了。親密感的建立不是矯情的，也許你們之間沒有熱戀中的甜言蜜語，可是在日常生活中的關懷與在乎，時時刻刻連結著兩個人的心，就是這種踏實的感受，讓你在疲累的時候、失意的時候，更渴望一個伴侶的擁抱，彷彿所有的不愉快，都在擁抱中消失殆盡。

為什麼親密感這麼重要？因為它關係到你快不快樂。在擁抱的同時，腦部會分泌一種與快樂有關的賀爾蒙，「催產素」（oxytocin）。催產素不僅能讓我們放鬆心情與減緩壓力，還會讓我們產生親密與信任，在我們感受放鬆、舒服的時候，大腦也會開始分泌腦內啡、多巴胺、血清素等。這些讓我們感到快樂的賀爾蒙，甚至影響著我們的身體健康，一天一個擁抱，足夠讓你開心一整天。

簡單的身體接觸就能引發大腦產生化學反應，擁抱絕對是關係裡的潤滑劑，潤滑已經變得苦澀的關係。如果你和伴侶之間的互動已經不再熱絡，那麼請用一個大大的擁抱，重拾彼此之間的親密感受，讓我們用擁抱開啟親密感的活力，一次又一次地再度陷入愛情的親密關係。維持良好的親密關係，不只讓你更快樂，還會讓你擁有更多能量與勇氣面對每一天所面臨的挑戰。

看到這裡，快放下手機或電腦，快點給身邊的那個她一個大大的擁抱吧！終結無性生活的第一步，就是從擁抱開始。一個擁抱，勝過各種治療！

# 4 上床之後還可以是朋友？

## #越了界的友誼，朋友間的性關係……

「我和他本來是無話不談的好朋友，某一次在朋友的聚會上不小心喝多了，我們也就不小心發生了關係，隔天起床的兩個人好像沒事一樣回到原來的生活。我們各自都有男女朋友，也好像很有默契，都不再提到那天發生的事，但是我知道，我們之間的朋友關係已經不像之前那樣了。」

聽完故事，我說：「再怎樣沒有感情基礎，上過床已經成為事實，即使你們為了維護自己的感情絕口不提當天發生的事，那件事也不會因此被抹滅。也就是說，你們之間再也無法回到過去那樣，毫無顧忌地相處。」

我接著問她：「妳後悔嗎？」她搖搖頭說：「當下我是快樂的，只是現在有點不知道該怎麼跟他相處。」

當你與好朋友處在某個模糊的階段，肌膚的碰觸彷彿按下了慾望的開關，暫時有默契的忘了彼此的朋友身分，在凝結的空氣中燃起兩人的慾火，朋友間的性關係就這麼發生了。

## 當友情沾了性，還能是好朋友嗎？

大部分的人會將性與愛連結在一起，沒想過友情與性，也是會有扯在一起的時候。「他們都上床了，難道不想在一起嗎？」這也許是許多人心中有的疑問。根據某個研究顯示，與朋友發生過性關係的人，有一半以上的人，並沒有和對方變成情侶。

我認為，只要有人的地方，就會有「性」的存在。這裡我指的「性」，不單純指性行為，而是指人與人之間的情與慾，這是一種親密的表達，是一種彼此之間存在的渴望。

你會發現，在愛裡，會有某種情不自禁的時候，那時的性衝動，除了個人的慾望之外，還有對對方的崇拜、欣賞與期待。在友情裡，也許兩人之間本來就存在著某種程度的性吸引力，但鮮少會有情不自禁的時候。至於性會發生，多半是因為兩個人在當時對界線的把持脆弱了點，個人的慾望剛好被對方的性吸引力喚起，當下的氣氛將慾望凌駕於道德之上，性關係就這麼不小心地發生了。

朋友之間本來就沒有維繫愛情的必要，自然不會覺得上了床就要開始一段男女關係，而是開始煩惱「我該怎麼繼續和這個與我有過肌膚之親的好友相處。」害怕上過床之後的關係開始變質，便小心翼翼自己的一舉一動、一言一行，深怕對方誤會自己的意思。

只要是人都有情慾，也會犯錯。朋友之間的感情，不小心越了界，其實不需要驚慌失措。當下的你情我願說明了「上床」不是籌碼，更不是用來測試對方是不是會珍惜自己的手段，最重要的是，兩個人有沒有在這段關係中，找到適合彼此繼續相處的位置。

與其擔心對方會不會誤會自己，不如回頭問問自己「你想要什麼？」或者「你是否在期待什麼？」上過床的你們，你還有辦法將他視為一般朋友嗎？你有自信你們之間可以發展成有性無愛的床友？還是，你已經開始對他產生情感上的期待？

我認為，先弄清楚自己要的，再與對方溝通討論你們接下來的相處方式。可以從頭開始討論起，弄懂彼此當天決定上床的原因，這個時候最不需要的就是害羞，害羞只會為彼此的關係帶來更多模糊與曖昧。因為……

一，也許對方整個喝茫，表示自己根本不記得，那你的擔心根本就是多餘。

二，也許你們可以說好一起忘記這件事，當作根本沒發生過，那就將腦海裡的這段記憶擦去，從此不再提。

三，也許對方覺得這根本沒什麼，沒什麼好大驚小怪，就當一次奇幻旅程，兩人都從夢中醒來罷了。

四，也或許經過討論，你們決定成為彼此的「床友」（我不認為這是炮友，所以我取了另一個屬於這種關係的名字）。

溝通，永遠是處理問題最好的方式，之於感情關係，也同理於友情裡。無論最後你們的決定為何，真正的情誼會在坦然以對之後，理解雙方的處境，尊重彼此的決定，做出對雙方最好的決定。也許回不到過去，但我相信，你們會找到在新的關係裡最舒服最自在的模式。

5

# 友達以上，戀人未滿

## #有性無愛，有性無礙？

**如果你沒有勇氣承擔關係結束的後果，那也就沒有辦法遇見在愛裡幸福的自己；幸福的模樣，得在勇氣的鏡子裡才看得見。**

「我們的互動很曖昧，行為上幾乎就是男女朋友，只是對外沒有承認，爭執幾次之後，我知道我們不適合，但因為又還喜歡對方，所以都沒有真的分開；就算冷戰，不需要多久，只要一個訊息就會馬上恢復以往的熱絡，但誰不會開口，彼此之間也就很有默契的不會用男女朋友的方式互相牽制，所以一直用這種尷尬又曖昧的方式進行著。」欣梅望著我說著。

你有沒有過這種經驗，雙方的曖昧足夠談一段好的戀愛，卻又因為過往不好的經驗，讓你遲遲不敢踏入愛情中。因為情愫還在，所以斷不了，卻也因為害怕還在，所以也前進不了。在感情的路上，你進退維谷，久而久之，就只好一直處於「友達以上，戀人未滿」的關係中。

「如果哪天他交女朋友了，妳會不會感到遺憾？」我問。欣梅用令人玩味的表情說：「其實，沒有在一起，就不會分手。有時候我覺得這樣好像沒有不好，永遠都不會分手，這樣誰都不會難過。」

另一種情境發生在小東身上：「不知道為什麼，我只要跟她說我想照顧她一輩子，她就會失聯，沒過多久，她又會自動出現，我只要不提想要成為男女朋友，她就不會消失不見。」有些人在面對熱情的對象時，總是想躲；有些人只要面對未來，恨不得拔腿就跑。

這樣的關係比炮友多了情感連結，比戀愛關係少了分手傷害，看似是個安全的選擇。曾幾何時，我們對感情的安全感來自於「不被傷害」，好像只要不會難過，就足以讓人感覺安全。至於不被傷害，則來自於「沒有期待」，追朔根源，其實是因為人們「害怕承諾」。

在感情中，承諾代表一種彼此想要長時間相處，並維持在關係中的意圖，它本身帶了渴望、期待、放棄與束縛。下承諾的人渴望擁有，被承諾的人期待未來，這時兩個人必須犧牲某部分的自我，也同時被束縛在一段看似穩定的關係裡。這是一個從當下到未來，看似確定，又沒人能有把握的長期關係。不過，為什麼會害怕承諾呢？

## 承諾讓人失去自由與獨立

人們需要安全感卻又渴望自由，偏偏承諾帶來的只有安全感，少了自由多了束縛。有些人認為感情的承諾會帶走自己的獨立性，其實，真正成熟的感情本來就應該維持兩人原本擁有的獨立。一段健康的關係並不會奪取原本的自己，而是多了一份兩人共同的空間，在空間裡，沒有人需要犧牲與退讓，只需要溝通之後的調整與尊重。

## 承諾代表不能再選擇

有些人抱著騎驢找馬的心態談戀愛，深怕定下來之後，就會錯過更好的人。世界這麼大，等你逐一見過候選人之後，我想你也沒多的時間可以愛了。我在前面的章節有提過「那個對的人永遠不會出現，直到你自己變成那個人」。所以，與其耗費時間騎驢找馬，不如把自己變成那個伯樂，你的千里馬自然出現在眼前。

## 承諾只在偶像劇般的感情裡

從另一個角度來看，你害怕在穩定關係裡，逐漸消失的激情。你太過沉溺於偶像劇情般的情感，譬如：太過依戀那個沒有結果的他，或者對不可能有結果的他產生怦然心動的感覺，期待一切的承諾就該出現在那個相遇的轉角。不是說這不可能發生，只是在現實社會中，這的確不是常態。因此，你很可能錯過了那些真正有可能與你發展持久穩定關係的對象。

## 不相信眼前的承諾會帶來穩定的長期關係

本來就沒有人可以保證任何關於未來的事，有些人在感情中過於計較得失，深怕自己在付出之後，對方不會以同等的對待回報，就乾脆不要有這樣的關係，以免期待之後帶來的只有傷害。在感情裡，本來就不該抱著期待回報的心情付出，太有目的性的付出，得到的有可能不會是你期望中的，更有可能會是傷害與失望。我一直想跟正在感情裡的你們說：「在感情裡，要因為你想付出而付出，而不是因為你想得到而付出，這樣的付出才有意義，也才會快樂。」相信我，在不要求回報的付出中，你會感受到更多滿足與快樂。最重要的是，無論感情怎麼發展，你絕對可以不抱後悔與遺憾的全身而退。

## 不想接受承諾後的道德束縛

說白了，你就是還不想定下來。你還沒做好心理準備，還不想接受承諾裡帶著道德的束縛，你還不想犧牲單身者可以有的任性。當你進入一段穩定的感情關係裡，就不再是你今天想跟誰約會就約誰，你今天想幹嘛就幹嘛，你今天想躲起來就不報備，你在任性之前必須先考慮對方的感受。畢竟，在關係裡的行為除了會傷害到對方，也有可能會傷到自己。

想要愛，卻又害怕承諾，因此選擇這種看似沒有傷害的方式來避免分手帶來的痛楚，但其實在關係結束之後，失落也好、寂寞也好，或多或少還是會受到一定程度的傷害。

處在這樣不進不退的關係裡，也許你不會難過，但也不會因此幸福。如果你們真的適合彼此，何不勇敢一點，向愛情邁進；如果真的不合適，何必為了逃避分離的焦慮而犧牲擁抱幸福的機會。如果你沒有勇氣承擔關係結束的後果，那也就沒有辦法遇見在愛裡幸福的自己。

幸福的模樣，得在勇氣的鏡子裡才看得見。

# CH.6 同性之愛

## 1 愛上同性，錯了嗎？

#感情裡沒有性別，只有愛

愛的本身沒有對錯，錯在人類對愛的解讀；身為同性戀更不是錯，你唯一做錯的是讓不屬於你世界裡的信仰傷害了你。

某天收到一封信，是一位我曾經教過的學生：

老師您好，之前您問我最近好不好，我只有點點頭，您當下也沒有多問，只告訴我：「等你想說再說，老師都在。」那個時候看到您的眼神，我超想哭，但是我忍住了。今天，我想告訴您，老師，我其實是同性戀，為什麼身邊的人口頭上都說尊重，但在行為上卻把我當異類看待，難道我做錯了嗎？我覺得人生好痛苦，從小到大必須假裝自己喜歡異性才能得到認同，有時候好想死，但我還有好多事情想做，只是這個狀態讓我現在變得好難開心，老師，我該怎麼辦？

台灣自從去年通過同婚案後，接納同性戀的人看似越來越多，但對某些人來說，其實還是存在著某種程度的困惑和迷茫，也因此出現了「口頭尊重，行為歧視」的情形。

於是，我回了這封信：

Hi，好久不見了，近來好嗎？老師很開心收到你的來信，首先，我想告訴你：「親愛的，你絕對沒有錯！」性向是天生的，就像你無法解釋為什麼有人喜歡吃苦瓜、有人特愛吃香菜，也像你無法改變台灣的天氣就是這麼潮濕，有時候冬天還像夏天那麼熱一樣。打從出生開始，我們身上所賦有的一切，從性別、娃兒的哭聲、個性剛柔、氣質內向活潑都是與生俱來的，但性別分為男女，是基於「生理特性」的二分法，不全然是對「人」的分類。很多社會所認知的類別都只是統計結果而已，譬如：大部分的男生，剛好有比較雄厚的聲音和偏向陽剛的個性；而大部分的女生，有著陰柔的氣質和細嫩的聲音。在傳統社會的觀念中，如果你的性別是男生，剛好又有著社會認知的男生特質，那麼只代表你剛好符合大眾對這個性別的期待；如果你的性別是男生，卻沒有大眾所期待的特質，也許在現在這個社會生存，你可能會辛苦了點，但「不代表你做錯事」。

我認為，除了法律內所訂定的規範有是非對錯，好比說，過馬路不能闖紅燈、喝酒不能開車、開車要繫安全帶，而且不能超速等等，其他的只有「看事情的角度與解讀內容的方式不同」，並沒有絕對的黑與白、是與非、對與錯。

你發現自己對某個人產生內心的悸動或有著慾望的衝動，時間久了，對這個人的牽掛與思念總讓你備感煎熬，既甜蜜又痛苦，說不出理由，也沒有原因，這不就是大家所認知的愛情嗎？只是「這個人」與你的性別相同而已，這些都是自然的喜歡甚或愛的表現，錯在哪了？

在這個世界上，有太多人習慣用批判別人掩蓋自己內心的自卑，忘了怎麼欣賞與感受世上的美與人間的愛，渾渾噩噩過了一輩子才發現痛苦的活在別人的期待，也許獲得了大眾的認同，卻失去了自己。一個連自己都不愛的人，怎麼可能還期待他們愛你呢？世界上最不缺乏的就是披著正義的名，行污衊與歧視之實的人，不是嗎？

關於你身為同性戀這件事，根本沒有錯，愛的本身更是天經地義、理所當然，錯的是人們對愛產生狹義的解讀，錯的是你讓別人用他們錯誤的認知傷害了你。在愛裡，只要能享受彼此相處的過程，不傷害自己和他人，無論你們用怎樣的形式相愛，都沒有人有資格評論。

性向無法改變，你必須先接受與眾不同的自己，請相信這是一件值得開心的事，欣賞自己的獨一無二，喜歡這樣獨特的自己。不否認在傳統的路上，你也許會比一般人辛苦，但也正因為勇敢地追求自我，你體驗到的一切，更豐富了你的人生，也為你感知到的世界畫上色彩，生命中的每段經驗都是成長的養分，我相信你在心靈上獲得的滿足與快樂，一定也是一般人無法感受與企及的。

請你永遠記得一件事，每個人都有著別人沒有的特質，那是獨一無二，也是老天爺讓你生存在人世間的意義，你更該開心的是，你還有愛人的能力與被愛的渴望。真正在乎你的人，只會關心「你過得好不好？你快不快樂？」而不會因為你是不是同性戀而改變任何對你的感受。

親愛的，你沒有錯，希望你在接下來的日子裡，都能自在的做個永遠不需要為自己的愛說抱歉的人。

我不知道這些文字能帶給我的學生和正在看文章的你多少幫助，但我誠心的希望這封信能讓你們知道，在寒冬裡，仍有暖陽。

# 2 我的男友交了男朋友

## #在愛裡沒有條件，只有甘願的付出與衷心的支持

某天晚上，我在夜市遇到剛交往不到一個月的男朋友和他的男性友人在逛夜市，我滿心歡喜地上前去拍了拍男友的肩，但他看到我的感覺並不是我想像中的那種驚喜，反而是一種被抓包的驚嚇感，但當下我沒有多想，就很自然地跟他們一起逛了夜市；整個晚上，男友一如往常的呵護我，但我總覺得男友的朋友對我有一種說不出來的「敵意」，這種感覺讓我感到窒息。在男友送我回家的路上，我隨口問了一句：你朋友是不是不喜歡我？我覺得他的態度不是很友善。

男友沉默了好久好久，直到再次開口：「他，其實是我的男朋友。」我當下以為他在開玩笑，但他認真的口吻與愧疚的表情，讓我不得不接受「我的男朋友是個同性

戀」的事實，這讓我不知該如何是好，一來覺得丟臉，二來有種被耍猴戲的氣憤，當下我提出分手。分手後沒多久我們相約吃了飯，他很誠心地和我道歉，也連帶說出了整件事情的來龍去脈。

原來，男友家人在知道他是同性戀之後，不僅強硬帶他去看了精神科，吃了各式各樣的藥，還帶他去廟裡驅魔收驚、喝符水。為了家中的平靜，男友只好壓抑住內心的情感，找了一個他滿喜歡的朋友交往，而這個人，很不幸地，就剛好是我。

「承認身為同性戀」在現今社會上，是一件需要勇氣的事。父母面對兒女出櫃的告白，不外乎以哭鬧、辱罵、質疑、污名、製造對立，甚至用生死威脅小孩的性向更改。其實，同性戀本身又何嘗不曾懷疑過自己？在面對自我認同的階段中，發現自己的與眾不同，這樣的「特別」跨越了世俗的框架，也挑戰了傳統。在探索自我性向的過程中，除了親朋好友的反對，還伴隨著沮喪，甚至是憂鬱的到來。

為什麼與眾不同就需要承受世人異樣的眼光對待與難受的情緒折磨呢？這是我一直思考的問題。如果讓眾人多了解同性戀的成因，是否可以少些這樣不必要的衝突？

## 為什麼會「變」同性戀？

某些長輩總認為「都是性平教育的提倡，才讓我的小孩變同性戀」、「一定是交了壞朋友，我的小孩才變這樣」，或者「一定是心理生病，他才會喜歡同性別的人」。因為這樣的錯誤觀念，導致有些家長在教養小孩的過程中，使用更強烈、嚴格、限制、強迫，甚至採取送醫的手段，為了就是「矯正這種（世俗認為）不正常的行為」，完全忽略孩子的自尊與想法，反而讓他們苦不堪言。

但是你可知道，同性戀不是「變」來的，它是嵌在人體基因裡的本能，性傾向是天生的，無法選擇。就好像有的人愛吃哈密瓜，有的人害怕哈味，有的人愛極了苦瓜，有的人卻聞瓜便作嘔，這些能說出什麼原因嗎？我想大部分的回答都是：「我本來就不敢吃啊，哪有原因！」每個人對同性都有一定的喜好，只是程度不同，有些人基於對同性的喜歡，所以和某個人成了閨密；有些人則是對同性的喜歡程度多到剛好產生心動的感覺罷了，而他們叫做同性戀。

有的人天生就知道自己對同性有著不一樣的感覺，有的人是經歷與異性的交往過程後才發現，原來自己的性衝動發生在同性身上，而另外一些人則是在生命經驗中，感受到原來自己可以同時被同性與異性吸引。

## 關於同性戀的不實傳聞

### ❶ 同性戀因為無法傳宗接代，所以會帶來世界末日？

難道異性戀中的頂客族（Double income no kids，不生小孩的雙薪家庭），就不會讓世界毀滅嗎？

### ❷ 小孩會受同性戀影響變同性戀？

如果一個人這麼容易受影響的話，學生應該都會受到老師、父母的影響，當個聽話的乖小孩或努力唸書考第一名；全世界應該不會有吸毒的人，因為我們一直在教育吸毒的壞處；在政府大力宣導之後，想必人人不使用塑膠製品，但為什麼還是會有叛逆的學生、吸毒的人、作奸犯科的罪犯，以及誤食塑膠而慘死的鯨魚呢？我認為，「沒有人可以被影響，除非自己願意。」長輩們的擔心不完全是害怕子女受影響，而是他們不願面對自己無法接受的這個事實。

很多人會問：「你贊成同性戀嗎？」這個問題沒有邏輯，更沒有答案，因為根本沒有贊同不贊同。難道別人可以贊成或反對你上廁所要站著還是坐著嗎？還是人家可以贊成或反對你應該吃葷還是吃素？或者大家可以贊成或反對你應不應該結婚？或生幾個小孩呢？這個問題根本不應該出現，沒有任何一個人有資格去贊成或反對別人的性取向與人生選擇，管你愛吃什麼東西、愛躺什麼床，或者愛什麼人。

「愛」沒有真假，也沒有對錯，更沒有條件存在，只有愛與不愛。至於對象是同性或異性，只是選擇不同而已。每個人都有權利選擇自己想要的生活，愛一個人，最好的方式就是「支持他做出讓自己快樂的選擇」，這樣就好。

# 3 同性戀不能結婚？

#對同性戀的偏見

**結婚，本身對性別沒有限制，而是人性的無知限制了別人追求愛的自由。**

既然提到結婚，我想問一下大家，你們覺得「結婚是什麼？」在自由戀愛、自主意識抬頭的社會下，我們大家都希望所有的婚姻是基於愛情，因為很愛很愛一個人，所以想要一直跟這個人在一起，而「結婚」正好是一個可以讓兩個出生在不同家庭的人，能夠光明正大永遠在一起的理由。

想想上面這段關於結婚的意義，你會發現，「結婚」本身對性別並沒有限制，那為什麼會有這麼多反對同性婚姻的聲浪出現？我認為，除了無知與謬誤外，其中還包括了某些人一直不想承認的歧視心態，所以在說出的言論當中，無意識地顯示了他們對同性戀的差別待遇，以至於在思考同性議題時，忘了要把他們當成「一般人」看待。

我一直覺得，有意義的對話必須建立在基本的邏輯上，許多有關同性不適合婚姻的言論，只要你稍加思考，你會發現，這些根本是無稽之談。

## 誤謬一，同性戀性觀念開放，性伴侶多，不適合婚姻

我不太理解為什麼性觀念開放與性伴侶多，會與同性戀劃上等號？你只能解釋的是，隨著世代改變，年輕人越來越忠於自我，「年輕人性觀念不再像以往保守」，不僅有婚前性行為、同居或試婚，而且「更懂著表態自己的性向」。但這不代表，同性戀就等於性伴侶多與性觀念開放，不是嗎？

事實上，同性戀並沒有比異性戀淫亂，他們也沒有比異性戀更容易有多重性伴侶，開性愛趴被抓的還是以異性戀居多。只是異性戀在道德上犯下錯誤容易被原諒和被忽略，在同性戀身上卻成為一輩子的污名。

就邏輯上來說，如果淫亂就不能結婚，那「淫亂的異性戀」是否要強制離婚？還是要開個「不淫亂」的保證書才能結婚？

就婚姻的某種意義來說，若能因為結婚，讓彼此在承諾下，利用婚姻的契約對抗外在不好的誘惑，這樣不是更好嗎？

## 誤謬二，同性戀生不出小孩，不適合結婚

回到上面，我問到大家結婚的意義是什麼，也許另一群人認為婚姻是一種負責任，一種傳承的行為，因此認為兩個同性別的人無法生育，所以不能結婚。

難道「有生育能力的人」就適合結婚嗎？若真如此，那社會上怎麼會出現一堆棄嬰、孤兒、家暴兒或性侵兒？事實上，一個幸福的婚姻以及成功的家庭教育，需要的是兩個成熟的心靈，而不是一男一女的性別；我們反而不鼓勵異性戀在還沒準備好之前就隨便踏入婚姻，一個生命的誕生才是真正需要我們付出的責任，而不是結婚。若兩個身心成熟的同性戀，能領養這些不幸的小孩，讓小孩在充滿愛的環境下成長，我相信，會影響小孩成長的因素絕對不是他的照顧者的性傾向，而是「兩個相愛且可以給予愛的雙親」。

## 誤謬三，同性戀不是天生的，不適合婚姻

事實上，許多科學研究已經證明，同性戀是天生的。就邏輯上來說，不管性傾向是天生或非天生的，同性戀或異性戀都基於同樣的點上。倘若性傾向是可以選擇的，那麼，為什麼我們不能自由地選擇當個同性戀？有人說，沒有人可以證明同性戀是天生的，那麼，同樣也沒人能證明異性戀是天生的，不是嗎？更遑論認定異性戀是正常而同性戀是異常了。

很多人在討論同性戀的時候，都已經帶著一個「我才是對的」的前提。問題是，在這個世界上，我認為，除了法律上的規定之外，沒有什麼是對的或錯的，一切都只是選擇而已。你選擇要愛男人女人，他選擇要結婚不結婚，都只是我們人生中的一個選擇，重點是，別人的選擇，關我們什麼事！

## 在指責別人的同時，請想想自己

當我們聽到許多人在指責同性戀有許多不好、不該、不對的事情的時候，請反過

來想想「異性戀」本身，難道異性戀就沒有這些不好、不該、不對的事情嗎？如果這些事發生在異性戀身上就可以被原諒，在同性戀身上就必須被歧視，甚至得活在別人的規範下，這已經無關乎同性還是異性戀，代表的只是「你是個潛在的歧視者」，而這絕對與無知脫離不了關係。

並不是只有和自己立場不一樣的人才有可能會如此，我期望的是，當我們遇到了與自己不了解或與自己認知衝突的事情的時候，如果可以先多了解事情、多搜集資料，也許這些知識會帶走你心裡潛在的歧視感，也許你會更能理解這些事情發生的原因。我仍舊相信，只要發自於愛，你想知道的不會是同性或異性、八卦或輿論，而是「親愛的，你快樂嗎？」

| 作者 | 許藍方 | Dr.Gracie Hsu |
| --- | --- | --- |
| 責任編輯 | 蔡穎如 | Ruru Tsai, Senior Editor |
| 封面設計 | 走路花工作室 | aruku hana workshop |
| 內頁設計 | 申朗創意 | Chris' Office |
| 封面攝影 | 黑焦耳攝影工作室 | Stay True Image Studio |
| 行銷企劃 | 辛政遠 | Ken Hsin, Marketing Executive |
| | 楊惠潔 | Gaga Yang, Marketing Executive |
| 總編輯 | 姚蜀芸 | Amy Yau, Managing Editor |
| 副社長 | 黃錫鉉 | Caesar Huang, Deputy President |
| 總經理 | 吳濱伶 | Stevie Wu, Managing Director |
| 首席執行長 | 何飛鵬 | Fei-Peng Ho, CEO |

出版　　　　創意市集

發行　　　　英屬蓋曼群島商家庭傳媒股份有限公司城邦分公司
　　　　　　Distributed by Home Media Group Limited Cite Branch

地址　　　　104 臺北市民生東路二段 141 號 7 樓
　　　　　　7F No. 141 Sec. 2 Minsheng E. Rd. Taipei 104 Taiwan

讀者服務專線　0800-020-299 周一至周五 09:30 ～ 12:00、13:30 ～ 18:00
讀者服務傳真　(02)2517-0999、(02)2517-9666
E-mail　　　創意市集 ifbook@hmg.com.tw
城邦書店　　城邦讀書花園 www.cite.com.tw
地址　　　　104 臺北市民生東路二段 141 號 7 樓
　　　　　　電話 (02) 2500-1919，營業時間：09:00 ～ 18:30

ISBN　　　　978-957-9199-89-6
版次　　　　2020 年 7 月初版 1 刷
　　　　　　2023 年 7 月初版 15 刷
定價　　　　新台幣 340 元／港幣 113 元

製版印刷　　凱林彩印股份有限公司

◎書籍外觀若有破損、缺頁、裝訂錯誤等不完整現象，想要換書、退書或有大量購書需求等，請洽讀者服務專線。

香港發行所　城邦（香港）出版集團有限公司
香港灣仔駱克道 193 號東超商業中心 1 樓
電話：(852) 2508-6231
傳真：(852) 2578-9337
信箱：hkcite@biznetvigator.com

馬新發行所　城邦（馬新）出版集團
41, Jalan Radin Anum,Bandar Baru Seri Petaling,
57000 Kuala Lumpur,Malaysia.
電話：(603)9057-8822
傳真：(603) 9057-6622
信箱：cite@cite.com.my

國家圖書館預行編目（CIP）資料

大人的性愛相談：不是長大自然就會，親密關係的
探索解答之書／許藍方著. -- 初版. --
臺北市：創意市集出版；
家庭傳媒城邦分公司發行，2020.07
　面；　　公分

ISBN 978-957-9199-89-6（平裝）

1. 性知識 2. 兩性關係

429.1　　　　　　　　　　　　　109003400